Antoine Houlou-Garcia, geb. 1987, lehrt politische Theorie an der Universität Trient und Ideengeschichte am Institut für Public Management und Politik in Paris. Er hat bereits mehrere Sachbücher veröffentlicht und erhielt 2019 den *Prix Tangente du livre*.

Elsbeth Ranke, geb. 1972, übersetzt aus dem Englischen und Französischen. 2004 erhielt sie den André-Gide-Preis für deutsch-französische Literaturübersetzungen.

ANTOINE HOULOU-GARCIA

DIE BERÜHMTESTEN MYTHEN DER WISSENSCHAFT

Inhalt

»Wenn ich irre, kann es jeder bemerken,
wenn ich lüge, nicht.«[1]

Johann Wolfgang Goethe

»Man muss beim Irrtum ansetzen
und ihn in die Wahrheit überführen.
D. h. man muss die Quelle des Irrtums aufdecken,
sonst nützt uns das Hören der Wahrheit nichts.
Sie kann nicht eindringen, solange //wenn// etwas
anderes ihren Platz einnimmt.
Einen von der Wahrheit zu überzeugen, genügt es nicht,
die Wahrheit zu konstatieren, sondern man muss den
Weg vom Irrtum zur Wahrheit finden.«[2]

Ludwig Wittgenstein

1
Ein kleiner Schlag auf den Kopf, eine große Theorie für die Menschheit

»Als Newton einen Apfel fallen sah,
Fand er in diesem Apfel, (wie es heißt,
Verbürgen kann ich's nicht,) er fand allda
Die Formel, die aufs deutlichste beweist,
Daß diese Welt (man nennt es ›Schwerkraft‹ ja)
In einem Wirbel ganz natürlich kreist;
Der erste Mensch seit Adam, dem's auf Erden
Gelang durch Fall und Apfel groß zu werden.«[1]

Lord Byron

Es ist die berühmteste Anekdote in der Geschichte der Naturwissenschaften: Während Newton unter einem Baum ein Nickerchen hielt, fiel ihm ein Apfel auf den Kopf. Es folgte ein genialer Geistesblitz: Dass der Apfel nach unten fällt, liegt an der Schwerkraft der Erde, die den Apfel in Richtung ihres Mittelpunkts anzieht.

Es lässt sich gar nicht beziffern, wie oft diese Geschichte zitiert wurde. Auch die Newton-Statue im History of Science Museum der Universität Oxford bezieht sich darauf: Da steht er, die Hand am Kinn, den Blick gerichtet auf … einen Apfel zu seinen Füßen! Besagter Apfelbaum steht bis heute hinter einem kleinen Holzzaun im Garten des Gutshauses von Woolsthorpe, wo Newton 1642 zur Welt kam. Zwar wurde der Baum 1816 von einem Sturm niedergerissen, soll aber aus den erhaltenen

Wurzeln neu emporgewachsen sein, womit er heute beinahe 400 Jahre alt wäre!

Und damit nicht genug: Von Newtons Baum wurden zahlreiche Ableger gezüchtet, weshalb seine »Klone« heute im Trinity College in Cambridge stehen, im Instituto Balseiro in Argentinien, im Massachusetts Institute of Technology (MIT) in den USA sowie in der Pekinger Beihang University, um nur einige der um die dreißig weltweit verzeichneten Ableger zu nennen. Diese Geschichte ist so berühmt, dass sie als Titel oder Coverillustration auf zahllosen Büchern über Newton, die Gravitationstheorie, aber auch über die ganze Physik oder gleich die gesamte Wissenschaftsgeschichte erscheint.

Noch extravaganter: 2010 reiste ein Zweig des Apfelbaums an Bord der Raumfähre Atlantis zur Internationalen Raumstation ISS; Anlass war das 350. Gründungsjubiläum der Royal Society, der Newton seinerzeit vorsaß. 2014/15 schickte die Europäische Weltraumorganisation ESA Samen des Apfelbaums zur ISS, wo sie ein halbes Jahr lang herumschwebten, bevor sie auf die Erde zurückkehrten.

Und zuletzt sei erinnert (eine vollständige Aufzählung würde den Rahmen sprengen), dass das erste Logo des Apple-Konzerns Newton unter seinem Apfelbaum zeigte. Diese Zeichnung, später durch den berühmten angebissenen Apfel ersetzt, stammte von Ronald Wayne, einem der drei Gründer des Unternehmens neben Steve Wozniak und Steve Jobs.

Die offizielle Version der Geschichte

Doch woher stammt die Anekdote? Wer sich mit Geschichte beschäftigt, muss sich immer auf seine Quellen berufen können. Gibt es einen Text aus Newtons Lebenszeit, der von diesem Apfel berichtet?

Merkwürdigerweise ist der Erste, bei dem die Episode auftaucht, Voltaire. Offenbar hat er über Newtons Nichte Catherine Barton davon gehört. Noch erstaunlicher ist, dass er darüber in einem Werk berichtet, das er 1727, also in Newtons Todesjahr, auf Englisch verfasste:

> »Der erste Gedanke zu seinem Gravitationssystem kam Sir Isaac Newton, als er bei einem Gang durch seinen Garten einen Apfel von einem Baum fallen sah.«[2]

Die Anekdote wird wie nebenbei erwähnt und liefert nur spärliche Informationen. Glücklicherweise findet sich eine sehr viel ausführlichere Version in den *Memoirs of Sir Isaac Newton's Life* seines Freundes und Biographen William Stukeley:

> »Am 15. April 1726 stattete ich Sir Isaac einen Besuch ab [...]. Nach dem Abendessen gingen wir, da es warm war, in den Garten und tranken unseren Tee im Schatten der Apfelbäume, nur er und ich allein. Im Gespräch sagte er mir unter anderem, er sei jetzt an eben demselben Ort wie damals, als ihm der Begriff der Gravitation in den Sinn kam. ›Warum eigentlich fällt dieser Apfel immer senkrecht zu Boden?‹, dachte er bei sich selbst, als ein herabfallender Apfel ihn ins Grübeln brachte: ›Könnte er nicht auch zur Seite oder nach oben fallen? Der Grund ist sicherlich, dass die Erde ihn anzieht. In der Materie muss eine Anziehungskraft liegen. Und die maximale Anziehungskraft in der Materie der Erde muss im Erdmittelpunkt liegen, nicht auf einer der Seiten. Deswegen fällt dieser Apfel senkrecht beziehungsweise auf den Mittelpunkt zu. Wenn aber Materie Materie anzieht, muss das proportional zu ihrer Menge geschehen. Daher zieht der Apfel die Erde an und die Erde den Apfel.‹ [...] So begann er schrittweise diese Eigenschaft der Gravitation auf die Bewe-

gung der Erde und der Himmelskörper anzuwenden; er betrachtete ihre Abstände, ihre Größe, ihre periodischen Umdrehungen; er stellte fest, dass diese Eigenschaft gemeinsam mit einer Vorwärtsbewegung, in die sie von Beginn an gesetzt wurden, vollständig ihre kreisförmigen Bahnen erklärte, die die Planeten davon abhalten, aufeinander zu stürzen oder alle gemeinsam in einer Mitte zusammenzufallen. Und damit enthüllte er das Universum. Dies war der Ursprung dieser erstaunlichen Entdeckungen, durch die er die Philosophie auf festen Boden stellte und damit ganz Europa in Staunen versetzte.«[3]

Die Geschichte mit dem Apfel stammt also von Newton selbst. Allerdings mit der Einschränkung, dass ihm die Frucht nie auf den Kopf gefallen ist: Der Gedanke kam ihm einfach nur beim Betrachten eines fallenden Apfels (wie ja auch Lord Byron im oben zitierten Gedicht es darstellt). Damit müssen wir ein wichtiges Detail der Anekdote korrigieren, auch wenn wir damit die Illustratoren enttäuschen müssen, die so gerne mit der ihr eigenen Komik spielen.

Eine weitere Überlieferung dieser Begebenheit aus Newtons Leben finden wir bei John Conduitt, seinem Assistenten in der Königlichen Münze und Gatten von Catherine Barton. In den Notizen zu einer geplanten Biographie über Newton hält er fest:

»[…] als er sich im Jahr 1665 wegen der Pest auf sein Landgut zurückzog, dachte er erstmals an sein System der Gravitation, das er entdeckte, als er beobachtete, wie ein Apfel von einem Baum fiel.«[4]

Sowie an einer anderen Stelle:

»1666 zog er sich erneut aus Cambridge zu seiner Mutter in Lincolnshire zurück. Während er gedankenversunken im Garten spazieren ging, kam ihm in den Sinn, dass die Schwerkraft (die einen Apfel vom Baum auf den Boden befördert) nicht auf einen bestimmten Abstand von der Erde begrenzt ist, sondern dass diese Kraft viel weiter reichen muss, als gewöhnlich angenommen. Warum nicht hinauf bis zum Mond, überlegte er im Stillen, und wenn das der Fall ist, so muss sie seine Bewegung beeinflussen und ihn vielleicht auf seiner Kreisbahn halten, woraufhin er eine Berechnung anstellte, welches die Auswirkungen dieser Annahme wären [...].«[5]

Halten wir also fest: Newton selbst berichtet 1726, ein Jahr vor seinem Tod, eine Anekdote aus dem Jahr 1665/66, die demnach bereits sechzig Jahre zurückliegt. Ist es nicht erstaunlich, dass er sie nicht schon früher erzählt hat? Doch weder in seinen Briefen noch in seinen Notizbüchern findet sich eine Spur davon. Richtig ist, dass Newton sich seit (mindestens) 1664 mit der Schwerkraft beschäftigte, wie ein Heft mit Notizen und Berechnungen aus dieser Zeit bezeugt;[6] vor allem aber setzte er sich mit der Frage ab 1684 auf Bitten von Christiaan Huygens auseinander. 1687 veröffentlichte er dann seine große Abhandlung *Philosophiae Naturalis Principia Mathematica (Die mathematischen Prinzipien der Physik)*, die als eines der zentralen Werke der Wissenschaftsgeschichte gilt; darin legt er insbesondere das allgemeine Gravitationsgesetz dar.

Wer war der Erste?

Wie jede wissenschaftliche Arbeit reiht sich auch die von Newton in eine Geschichte mit Vorgängern (unter anderen Roger Bacon, Ismaël Boulliau, Johannes Kepler und Giovanni Alfonso

Borelli) und Zeitgenossen ein, die manchmal als Rivalen empfunden werden. Ganz besonders gilt das für Gottfried Wilhelm Leibniz und Robert Hooke.

Newton bringt in seinen *Principia* eine von ihm selbst entwickelte mathematische Technik zur Anwendung, die wir heute als Infinitesimalrechnung bezeichnen (es geht also um sehr kleine Größen).[7] Nun entwickelt aber genau in der Zeit, in der Newton seine Methode einführt, Leibniz ein sehr ähnliches Verfahren. Der größte Unterschied besteht darin, dass Leibniz seine Ergebnisse bereits 1684, also drei Jahre vor der Publikation von Newtons *Principia*, veröffentlichte.[8]

Zumindest anfangs ist die Frage der Priorität kein großes Problem: In der ersten Ausgabe der *Principia* von 1687 hält Newton fest, er habe vor zehn Jahren mit Leibniz, einem »sehr kundigen Geometer« und »sehr illustren Manne«,[10] korrespondiert, und beide hätten festgestellt, dass ihre Methoden nahezu identisch waren. Mit dieser sogenannten Scholie, einer erklärenden Randbemerkung, konstatiert Newton also, dass die beiden Männer gleichzeitig dasselbe herausgefunden haben.

Sehr bald aber wird Leibniz von Mitgliedern der Royal Society des Plagiats beschuldigt: Die Frage der Priorität ist eben auch eine Frage des Nationalstolzes. Tatsächlich verfasst Newton, ebenfalls Mitglied der Royal Society, selbst ganze Passagen mit heftigen Vorwürfen gegen Leibniz für eine 1711 von der Gesellschaft veröffentlichte Studie, die nachweisen soll, dass die Erfindung der Infinitesimalrechnung allein auf Newton zurückgeht.

Daraufhin ändert Newton in der zweiten Ausgabe der *Principia* von 1713 seine Scholie ab und erklärt, seine Methode unterscheide sich von der Leibniz'schen in einem bedeutenden technischen Punkt, und in der dritten Ausgabe von 1726 verschwindet der Name Leibniz ganz.[11] Durchsetzen wird sich natürlich diese dritte Ausgabe.

Das Newton'sche Gravitationsgesetz

Dieses bahnbrechende Gesetz der klassischen Physik lässt sich in zwei Sätzen zusammenfassen: Zwei Körper A und B ziehen sich gegenseitig mit gleicher Kraft an. Diese Kraft ist proportional zum Produkt der beiden Massen und umgekehrt proportional zum Quadrat ihres Abstands.

Dieses Gesetz erklärt zum Beispiel, warum ein Apfel senkrecht zur Erde fällt oder wie die Anziehungskraft von Mond und Sonne sich auf die Gezeiten auswirkt. Es erklärt auch, warum der Mond andauernd auf die Erde »fällt« und doch am Himmel bleibt, so wie eine Kanonenkugel, die mit ausreichender (nicht zu hoher) Geschwindigkeit vom Himalaja aus abgeschossen würde, in eine Umlaufbahn geraten und dauerhaft auf die Erde »fallen« würde, ohne je einzuschlagen – dank der Schwerkraft. Dieses Gesetz, so notiert Stephen Hawking, hätte es Newton sogar erlaubt, die Ausdehnung des Universums vorauszusagen (wenn er sich ein begrenztes Universum mit einer begrenzten Anzahl von Sternen vorgestellt hätte).[9] Und schließlich beweist Newton damit exakt das 1609 von Johannes Kepler formulierte Gesetz, nach dem die Umlaufbahnen der Planeten nicht kreisförmig, sondern elliptisch verlaufen: Kepler hatte das aus seinen Beobachtungen geschlossen, Newton lieferte den mathematischen Beweis.

Es ist nicht das erste Mal, dass im Lauf von Wiederauflagen ein Name aus der Wissenschaftsgeschichte getilgt wird (das werden wir auch bei Kopernikus sehen, vgl. S. 104) – und zwar immer mit dem Ziel, den gesamten Ruhm selbst einzustreichen. Hier also stellt sich nun Newton als alleiniger Erfinder der Infinitesimalrechnung dar.

Dabei ist diese Auseinandersetzung weder die einzige noch die wichtigste: Noch bedeutender ist der Prioritätsstreit mit Robert Hooke, denn er betrifft das Gravitationsgesetz selbst. Ganze Bücher wurden darüber geschrieben. Wir wollen hier gar nicht entscheiden, ob Hooke das Gesetz nun vor Newton entdeckte oder nicht, sondern lediglich fragen, welche Wirkung diese Kontroverse auf Newton hatte. Genau das nämlich wird uns zu der Geschichte mit dem Apfel zurückführen.

Ganz knapp zusammengefasst: Edmond Halley (nach dem später ein berühmter Komet benannt wurde) stattete Newton im Sommer 1684 einen Besuch ab, um ihm ein Problem aus dem Kontext der planetaren Umlaufbahnen vorzulegen, für das er selbst und Hooke[12] keine Lösung fanden. Zufällig hatte aber Newton genau dieses Problem in seinen mathematischen Arbeiten gewissermaßen bereits gelöst. Er begann mit der Niederschrift seiner *Principia*. Halley verfolgte die Entstehung des Werks aus der Nähe, war begeistert und präsentierte einige Ergebnisse bereits vor der Veröffentlichung des Werks vor der Royal Society. Hooke wiederum, der Sekretär der Gesellschaft war, stellte schockiert fest, dass Newton sich die Idee der allgemeinen Gravitationstheorie zuschrieb und für ihre Berechnung die Umkehrung vom Quadrat der Entfernung verwendete, die Hooke ihm einst vorgeschlagen hatte.

Umgekehrt befand Newton, er habe nicht nur Hooke gar nicht gebraucht, um seine Idee zu entwickeln (deren Gültigkeit für verschiedene physikalische Phänomene bereits seit dem Mittelalter bestätigt war), sondern Hooke sei außerdem gar nicht in der Lage, das Ergebnis mathematisch zu beweisen; ebendiese Leistung habe aber er, Newton, erbracht.[13]

Abgesehen von dieser Argumentation ist es interessant zu beobachten, wie emotional Newton reagierte: Er war so erschüttert von Hookes Einlassungen, dass er sogar erwog, das dritte Buch der *Principia* zu streichen, in dem er sich dem Gravitationsgesetz und den kosmologischen Aspekten widmete. Außerdem überlegte er, den Titel zu ändern und sein Werk *De Motu corporum libri duo* (*Zwei Bücher über die Bewegung der Himmelskörper*) zu nennen.[14]

Im Übrigen bestand die Rivalität zwischen Hooke und Newton schon seit Jahren (sie hatten sich bereits zu verschiedenen wissenschaftlichen Themen in den Haaren gelegen), und im Unterschied zu Leibniz lebte Hooke ebenfalls in England. So ging es den beiden Gelehrten um den intellektuellen Vorrang im Land, aber auch darum, politisch zu punkten (Hooke war Sekretär der Royal Society, Newton später ihr Präsident).

Wofür der Apfel steht

Was Leibniz betraf, lagen die Dinge im Grunde ziemlich einfach: Ganz England, das heißt in Newtons Augen die Royal Society, stand auf seiner Seite. Er brauchte lediglich in den späteren Ausgaben des Buchs den Namen Leibniz zu tilgen. Bei Hooke aber, der selbst ein bedeutendes Mitglied der Gelehrtengesellschaft war, war die Lage komplexer und zugleich heikler, denn der Streit wurde nicht nur schriftlich ausgetragen, sondern auch im direkten Gegenüber.

Nun fällt die erste bestätigte Erwähnung der Geschichte mit dem Apfel in das Jahr 1726, die Auseinandersetzung mit Hooke hatte aber schon vierzig Jahre früher begonnen. Wahrscheinlich hatte Newton bereits kurz vor 1726 mit seiner Nichte Catherine Barton darüber gesprochen, die die Anekdote an Voltaire weitergab. Vor allem aber hätte Newton die Geschichte, wenn sie sich ganz so zugetragen hätte, doch wohl bereits vorher irgendwann verwendet; denn damit hätte er beweisen können, dass er alles schon viele Jahre früher ganz allein herausgefunden hatte und dass Hooke keinerlei Verdienst zukam.

Dass Newton diese Apfelgeschichte kurz vor seinem Lebensende hervorholt, aber auf seine jungen Jahre datiert, dürfte darauf hindeuten, dass er einen Beweis für seine Genialität liefern möchte und vor allem dafür, dass er niemandem etwas schuldig ist. 1726 sind beide Prioritätsfragen geklärt: Leibniz taucht in der dritten Ausgabe der *Principia* nicht mehr auf, und dank der Apfelgeschichte gerät auch Hooke aufs historische Abstellgleis.

In Zeiten der sozialen Netzwerke und der nie verstummenden Nachrichtenkanäle wissen wir besser denn je, dass ein Bild stärker ist als tausend Worte: Es prägt sich fest und dauerhaft im Gedächtnis ein. Genau das ist Newton mit dem Apfel gelungen: Um die Konkurrenz auszuschalten und an seinem eigenen Mythos zu arbeiten, schuf er ein Narrativ von solcher Schlagkraft, dass es bis heute das wichtigste Symbol der Wissenschaftsgeschichte geblieben ist.

Damit eine Story sich aber so gut verkauft, müssen die Kunden auch bereit sein, sie zu glauben. Diese Kunden sind zunächst die Wissenschaftler und Philosophen, die in dieser Geschichte ein Gleichnis für die Naturwissenschaft an sich sehen: Ein Mensch wird Zeuge eines Naturphänomens (ein Apfel fällt vom Baum) und staunt darüber. Diese Verwunderung ist, so notiert bereits Aristoteles, fundamental:

> »Denn Verwunderung war den Menschen jetzt wie vormals der Anfang des Philosophierens, in dem sie sich anfangs über das nächstliegende Unerklärte verwunderten, dann allmählich fortschritten und auch über Größeres Fragen aufwerfen, z. B. über die Erscheinungen an dem Mond und der Sonne und den Gestirnen und über die Entstehung des Alls.«[15]

Die Kunden sind aber auch die einfachen Bürger. Wir mögen die Vorstellung vom Genie, dem »Berufenen«. In der Naturwissenschaft wie in der Politik, in der Religion oder im Krieg richten wir unsere gesammelte Bewunderung gerne auf eine einzelne Person, einen Helden, einen Propheten. Nicht nur, weil wir die Dinge gerne vereinfachen (bis hin zur Verfälschung), sondern auch wegen unserer natürlichen Sehnsucht nach Helden gefällt uns die Vorstellung, in der Geschichte (und besonders in der der Wissenschaft) gäbe es Wendepunkte und Umbrüche, für die sich Ort, Zeitpunkt und vor allem die Protagonisten ganz präzise bestimmen lassen.

In ihrer volkstümlichen Version, in der der Apfel Newton auf den Kopf fällt, schafft es diese Anekdote paradoxerweise zugleich, den genialen Wissenschaftler (der doch gerade als höheres Wesen gilt) zu entsakralisieren – so wie einst Thales, von dem schon in der Antike erzählt wurde, er habe beim Gehen stets den Kopf in den Sternen gehabt und sei daher einmal in einen Brunnen gefallen.[16] Dass wir über diese Menschen, die in unserer Vorstellungswelt zu ehrfurchterregenden Geistesgrößen mutieren, auch lachen können, hat etwas Beruhigendes. Ja, sie sind unerreichbar in ihrer Genialität, aber sie erdrücken uns doch nicht, weil sie sich in all ihrer Intelligenz am Ende selbst lächerlich machen.

Außerdem weckt dieser konkrete, komische Aspekt auch Hoffnung: »Falls mir einmal ein Apfel auf den Kopf fällt, werde ich vielleicht auch ein Genie!« Genau deshalb wurden in so vielen Universitäten weltweit so viele Ableger von Newtons Baum gepflanzt (obwohl man wusste, dass der Apfel Newton nicht auf den Kopf, sondern vor seinen Augen auf den Boden gefallen war). Sie gaukeln eine symbolische Verbindung zu dem vor, was (angeblich) einem Genie als Inspirationsquelle gedient hat und somit auch uns anderen einen genialen Geistesblitz eingeben könnte. Dazu müssten wir nur Zeuge eines Phänomens wie des fallenden Apfels werden. So schreibt die Universität York, ebenfalls Besitzerin eines der Baumklone, auf ihrer Website:

> »Unser Baum in der University of York bleibt im Jetzt verwurzelt, erinnert uns aber daran, dass es zu außerordentlichen Entdeckungen führen kann, wenn man das Konventionelle infrage stellt. Unser Apfelbaum ist ein Stück Geschichte, doch Isaac Newtons Denken findet bis heute Nachhall.«[17]

Was der Apfel uns vergessen lässt

Obwohl die Universität York das behauptet, hat Newton »das Konventionelle« keineswegs über die Maßen »infrage gestellt«. Vielmehr bestand seine Meisterleistung darin, zahlreiche Ideen und Vermutungen, die zu seiner Zeit existierten und an denen seit Langem gearbeitet wurde, in einer mächtigen Gesamtstruktur zusammenzufassen. Was die Geschichte vom Apfel eher verdeckt (und genau das war Newtons Absicht), ist die Tatsache, dass Wissenschaft vor allem im Lesen, Debattieren, im langsamen Durchdenken, im Berechnen und in der Auseinandersetzung zwischen rivalisierenden Theorien besteht. Das einsame Genie, das ganz allein eine Theorie aufstellt, ohne etwas von seinen Vorgängern und Konkurrenten gelesen zu haben, gibt es nicht.

Die Geschichte vom Apfel verweist also auf die Brutalität des wissenschaftlichen Milieus – bis heute und vielleicht sogar mehr denn je, weil Forschung heute nach den Regeln des Markts funktioniert: So mancher will sich fremde Verdienste aneignen (das kann man von Hooke genauso sagen wie von Newton), aus Stolz, dem Streben nach Ruhm und Anerkennung, der Karriere zuliebe oder um sich einen Platz in der Geschichte zu sichern.

Dabei ist Wissenschaft nie der Verdienst eines einsamen Genies, sondern sehr vieler Menschen, von denen die Geschichte beim breiten Publikum am Ende nur einige wenige Namen behalten wird, so wie wir in der Schule bis heute die Abfolge von Königen und Schlachten auswendig lernen, obwohl die Geschichte sehr viel reicher – und sehr viel interessanter – ist als das.

Sollte die Anekdote vom Apfel entgegen aller Wahrscheinlichkeit aber doch wahr sein, so hätte Newton von dem Moment, in dem er angeblich den mythischen Apfel fallen sah, bis zur Fertigstellung und Veröffentlichung seiner darauf fußenden Arbeit über zwanzig Jahre gebraucht. In unserer Vorstellung hingegen (und auch das wollte Newton uns wohl suggerieren) war der Apfel kaum gefallen, als er bereits sein System fertig entworfen und all seine Gleichungen aufgestellt hatte.

Schließlich verdeckt der Apfel einen für die Wissenschaft entscheidenden Punkt, der auch charakteristisch für die Auseinandersetzung zwischen Hooke und Newton ist. Gibt man keinem von beiden recht, sondern konzentriert sich auf das, was Newton getan hat und Hooke nicht zu tun wusste, so kommt man zu dem, was Alexis Clairaut 1756 in einer Beilage zur ersten französischen Übersetzung der *Principia* durch Émilie du Châtelet (von ihr wird in Kapitel 11 die Rede sein, vgl. S. 172) notierte:

> »Das Beispiel von Hooke und von Kepler zeigt, wie groß der Abstand zwischen einer erahnten und einer erwiesenen Wahrheit ist und zu wie wenig die größten Geister der Wissenschaft dienlich sind, wenn sie sich nicht mehr von der Geometrie leiten lassen.«[18]

2
Heureka!

»Die Lösung überkam ihn, als er in der Badewanne lag. Er sprang auf, rannte durch die Straßen in Richtung Palast und schrie: Heureka! Heureka! (Ich habe es gefunden, ich habe es gefunden!) Wenn wir wüssten, welcher Tag das war, so sollten wir ihn feiern als Geburtstag der mathematischen Physik; erwachsen wurde diese Wissenschaft, als Newton sich in seinen Garten setzte.«[1]

Alfred North Whitehead

Heureka: der altbekannte Ausruf des Archimedes beim Sprung aus der Badewanne, der zum Synonym für einen Geniestreich geworden ist, eine plötzliche Erleuchtung angesichts eines Problems, aber auch allgemeiner für die Bedeutung der Intuition beim wissenschaftlichen Fortschritt.

Wie der große Mathematiker, Logiker und Philosoph des beginnenden 20. Jahrhunderts Alfred Whitehead es hervorhebt, sind das Heureka des Archimedes und Newtons Apfel die beiden wichtigsten Kristallisationspunkte in der Geschichte der Physik als exakter, auf mathematische Strenge gegründeter Wissenschaft.

Archimedes war ein leidenschaftlicher Forscher, der in Gedanken ständig Probleme löste. Der Drang nach Wissen trieb ihn sein Leben lang an, und glaubt man dem griechischen Historiker Plutarch, trieb sie ihn gar in den Tod:

> »Dieser [Archimedes] betrachtete eben für sich allein eine geometrische Figur und hatte auf diese seine Gedanken und seine Augen so sehr gerichtet, daß er weder das Hin- und Herlaufen der Soldaten noch die Einnahme der Stadt bemerkte. Auf einmal trat ein Soldat vor ihn und befahl, ihm sogleich zu Marcellus zu folgen. Archimedes wollte nicht eher, als bis er das Problem aufgelöst und zum Beweise gebrachte hätte. Darüber geriet jener sehr in Zorn, zog das Schwert und tötete ihn auf der Stelle.«[2]

Ob in der Badewanne oder im Angesicht eines römischen Schwerts, Archimedes war beseelt von dieser enthusiastischen Ruhelosigkeit, die einen treibt, eine Lösung zu finden, einen Beweis zu vollenden, eine neue Methode zu entwickeln. Plutarchs Beschreibung hat zahlreiche Gemälde und Illustrationen inspiriert, denn sie zeigt uns einen Archimedes von erhabener intellektueller Größe im Vergleich zu gewöhnlichen Sterblichen wie etwa dem Soldaten, der ihn angreift (zu den Gründen dafür später mehr); die Anekdote mit der Badewanne dagegen ist zu einem der großen Symbole der Wissenschaftsgeschichte geworden und inspirierte den Titel für diverse populäre Sachbücher zur Physik.

Doch woher stammt sie? Und warum eigentlich steigt Archimedes plötzlich aus der Badewanne und läuft nackt drauflos wie ein Verrückter?

Ein Bad – und der Fall ist gelöst

Archimedes lebte im 3. Jahrhundert v. Chr. in Syrakus auf Sizilien. Beherrscht wurde die Stadt von Hieron, einem »Tyrannen« – der Titel ist heute nicht ganz einfach zu übersetzen und bedeutete im Grunde nur (und ohne negativen Beigeschmack) so etwas wie »König«. Von dem berühmten Heureka berichtet der römische Architekt Vitruv (1. Jh. v. Chr.), der als Meister seines Faches gilt und nach der Wiederentdeckung seiner Abhandlung *De Architectura* die gesamte Renaissance inspirierte:

»Obwohl aber Archimedes viele verschiedene, bewundernswerte Entdeckungen gemacht hat, scheint von allen diese, von der ich nun berichte, auch mit unendlich großem schöpferischem Geist erarbeitet zu sein. In Syrakus nämlich hatte sich Hieron der Jüngere zu einer starken Königsmacht emporgeschwungen. Als er nach seinen Siegen den unsterblichen Göttern in einem Heiligtum einen goldenen Kranz als Weihgabe niederzulegen beschlossen hatte, verdingte er die Anfertigung um einen Arbeitslohn und wog dem Unternehmer das Gold genau nach Gewicht zu. Dieser legte zur gegebenen Zeit das schön handgearbeitete Werkstück zur Abnahme vor, und er schien das Gewicht des Kranzes genau abgeliefert zu haben. Später wurde Anzeige erstattet, es sei Gold weggenommen und dem Kranz ebensoviel Silber beigemischt worden. Hieron war darüber erbost, daß er betrogen war. Da er jedoch kein Mittel ausfindig machen konnte, wie er die Unterschlagung nachweisen konnte, bat er Archimedes, er sollte es übernehmen, sich darüber Gedanken zu machen. Während dieser darüber nachdachte, ging er zufällig in eine Badestube, und als er dort in die Badewanne stieg, bemerkte er, daß ebensoviel wie er von seinem Körper in die Wanne eintauchte, an Wasser aus der Wanne herausfloß. Weil (dieser Vorgang) einen Weg für die Lösung der Aufgabe gezeigt hatte, hielt er sich daher nicht weiter auf, sondern sprang voller Freude aus der Badewanne, lief nackend nach Haus und rief mit lauter Stimme, er habe das gefunden, was er suche. Laufend rief er nämlich immer wieder griechisch: ›Ich hab's gefunden! Ich hab's gefunden!‹«[3]

Hier schreibt Vitruv, wie bei den Römern üblich, direkt auf Griechisch und nicht auf Lateinisch, was Archimedes rief: »εὕρηκα«, das klingt wie »heureka« und tatsächlich bedeutet: »Ich hab's gefunden.« Und was er da gefunden hatte, war eine kriminaltechnische Ermittlungsmethode zur Überführung des Handwerkers.

Jeder weiß, dass ein Kilogramm Federn ein sehr viel größeres Volumen besitzt als ein Kilogramm Blei. Bei Silber und Gold ist es im Prinzip dasselbe. Archimedes goss also zwei Barren mit demselben Gewicht (nämlich dem Gewicht der Krone), einen aus Gold und einen aus Silber. Er tauchte sie nacheinander in einen Behälter mit Wasser und sah, dass der Silberbarren den Wasserspiegel stärker ansteigen ließ als der Goldbarren. Daraus konnte er ableiten, um wie viel größer bei gleichem Gewicht das Volumen des Silberbarrens ist.

Danach verfuhr er mit der Krone genauso und stellte fest, dass der Wasserspiegel höher lag als die Markierung, die er beim Goldbarren gemacht hatte, aber niedriger als die des Silberbarrens. Über eine schnelle Berechnung konnte er nun bestimmen, wie viel Gold in der Krone durch Silber ersetzt worden war.

Halten wir fest, dass das »Heureka« nicht nur die Ermittlungen beendete, sondern außerdem mit dem heute sogenannten Archimedischen Prinzip verbunden ist, das Archimedes in seiner Abhandlung *Über die schwimmenden Körper* so formulierte:

> »Jeder beliebige Körper, der leichter als das Wasser ist, strebt beim Eintauchen mit einer Kraft nach oben, die sich aus der Differenz zwischen dem Gewicht des vom Körper verdrängten Wassers und dem Gewicht des Körpers selbst ergibt.«[4]

Diese Abhandlung, einer der ersten wissenschaftlichen Texte zur Hydrostatik auf Grundlage geometrischer Beweise, enthält außerdem weitere sehr interessante Gedanken wie die Vorstellung, dass man deshalb in der Ferne die Wölbung des Meeres sieht, weil der Druck auf jeden Wassertropfen sich über die Oberfläche der Erdkugel ausgleicht (denn entgegen einer verbreiteten Annahme wusste man von der Kugelform der Erde, vgl. Kapitel 7):

> »Die Oberfläche jeder in Ruhe befindlichen Flüssigkeit ist die Oberfläche einer Kugel, deren Mittelpunkt derselbe wie der der Erde ist.«[5]

Köstliche Anekdoten zuhauf

Das Leben des Archimedes strotzt von naturwissenschaftlichen Anekdoten, die unsere Fantasie bevölkern, egal, ob wir in der Wissenschaftsgeschichte bewandert sind oder nicht.

Beginnen wir mit der Geschichte von den Brennspiegeln, Hohlspiegeln also, die bei gekonnter Anwendung das Sonnenlicht auf einen einzigen Punkt fokussieren können, in dem sich dann die gesamte Hitze konzentriert. So konnte Archimedes römische Schiffe, die unter dem Befehl des Feldherrn Marcellus (derselbe wie im Plutarch-Zitat zu Beginn dieses Kapitels) standen, in Brand setzen; Sizilien war nämlich damals ein wichtiger Spielstein in den Punischen Kriegen zwischen Rom und Karthago, und Syrakus stand auf der Seite Karthagos – daher auch der römische Soldat, der Archimedes tötete, als er noch einen Beweis zu Ende führen wollte.

Eine weitere berühmte Anekdote – eigentlich ein Zitat – von Archimedes zeigt sein ganzes praktisches Genie gegenüber komplexen Problemen: »Gebt mir einen festen Punkt, und ich hebe die Welt aus den Angeln.«[6] Je länger nämlich, gemessen vom Drehpunkt aus, der Arm eines Hebels ist, desto schwerere Gewichte kann man damit anheben. Daher lässt sich eine Tür leichter öffnen, wenn man an der Seite drückt, die den Scharnieren gegenüberliegt.

Um schließlich noch eines der Beispiele anzuführen, die in den pädagogischen Ausstellungen von Technikmuseen gern vorgeführt werden: Archimedes erfand auch die sogenannte archimedische Schraube, eine sich drehende Schraube, mit der sich Wasser aus einem Becken in ein höher gelegenes heben lässt. So eine Endlosschraube lässt sich für die fantastischsten Anwendungen nutzen, etwa bei der Bewässerung.

Archimedes und seine Legenden

Vielleicht ahnen Sie es schon: Das Problem ist, dass nichts von alldem (nicht einmal das »Heureka«) in Archimedes' Werken vorkommt. Das heißt nicht unbedingt, dass alles falsch ist, aber doch, dass Zweifel berechtigt sind.

Die Geschichte mit der Badewanne ist, wie gesagt, bei Vitruv belegt, der 200 Jahre nach Archimedes lebte; die Spiegel, mit denen die römischen Schiffe in Brand gesetzt werden, werden Archimedes erstmals im 6. Jahrhundert n. Chr. (also 800 Jahre nach Archimedes) von Anthemios von Tralleis zugeschrieben, und zwar in einer Abhandlung über Brennspiegel, die Feuer entfachen können;[7] dieses Thema debattierte die Forschung zu Anthemios' Zeiten, aber in der Epoche des Archimedes war man davon noch weit entfernt, allein schon wegen der technischen Hürden beim Bau dieser Spiegel. Der Ausspruch über den Hebel wird dem Mann aus Syrakus erstmals im 4. Jahrhundert n. Chr. von Pappus von Alexandria in den Mund gelegt.[8] Die Endlosschraube verband Diodor von Sizilien bereits im 1. Jahrhundert v. Chr. (damit aber auch etwa 200 Jahre nach Archimedes) mit seinem berühmten Landsmann,[9] aber Diodors Zeitgenosse

Vitruv erwähnt Archimedes in seinen Ausführungen zum selben Thema merkwürdigerweise mit keinem Wort.[10]

Das größte Problem mit Archimedes besteht darin, dass praktisch nichts über sein Leben bekannt ist. Die von ihm überlieferten Schriften behandeln nur theoretische Themen, vor allem aus der Geometrie, und keine praktischen Fragen, weil er, so erklären die Quellen aus unterschiedlichen Epochen unisono, den praktischen Anwendungen seiner Forschung eine gewisse Verachtung entgegenbrachte. Doch auch diese Behauptung ist alles andere als gesichert, denn Archimedes hat nichts Schriftliches hinterlassen, aus dem das zu schließen wäre. Nur dass er offenbar nie über praktische Erfindungen geschrieben hat, gibt der Vermutung, dass etwas Wahres daran sein könnte, eine gewisse Berechtigung.

Genau da liegt eine der großen Schwierigkeiten mit der antiken Wissenschaftsgeschichte: Über das Leben der Forscher weiß man sehr wenig, und nur ein kleiner Teil ihrer Schriften ist überliefert. Pappus zufolge soll zum Beispiel Apollonios von Perge, der große Mathematiker, der kurz nach Archimedes lebte, eine heute verlorene Abhandlung *Über die Schraube* geschrieben haben, in der er die berühmte »archimedische Schraube« mathematisch analysierte. Doch noch einmal, Pappus berichtet das 500 Jahre später, weshalb seine Worte mit Vorsicht zu genießen sind, zumal sie ohnehin nicht beweisen, dass Archimedes der Erfinder dieser Schraube war, die obendrein zu dessen Lebzeiten bereits in Ägypten verwendet wurde.[11]

Kurz, manche Anekdoten mögen zumindest teilweise glaubhaft sein (wie die von der archimedischen Schraube, die offenbar bereits die Ägypter kannten, warum also nicht auch Archimedes, der sie aber keineswegs erfunden haben muss), andere gehören wohl ins Reich der Legende – so ganz klar die Brennspiegel. Legendär scheinen auch die Episode mit der Badewanne sowie die von seinem Tod; beide folgen einem so bühnenreifen Szenario, dass sie schwer zu glauben sind.

Das (wahre) Rätsel des Archimedes

Allerdings gibt es über Archimedes auch Anekdoten, die sich tatsächlich so zugetragen haben. Sie machen für das breite Publikum vielleicht weniger her, sind aber für die Forschung umso wertvoller.

Archimedes, den man sich vage als hochgeistigen Mathematiker und Ingenieur vorstellt, beschäftigte sich mit einem Puzzlespiel, dem Stomachion (abgeleitet vom griechischen Wort für »Knochen«). Es handelt sich dabei um ein griechisches Puzzle aus vierzehn geometrischen Teilen, die zu einem Quadrat zusammengelegt werden müssen. Es existieren mehrere Varianten des Spiels, wir kennen aber das *Stomachion* des Archimedes, die Formen, mit denen er gearbeitet hat. Seine Lösung für das Legen des Quadrats (auch dafür gibt es mehrere Möglichkeiten) sieht so aus:

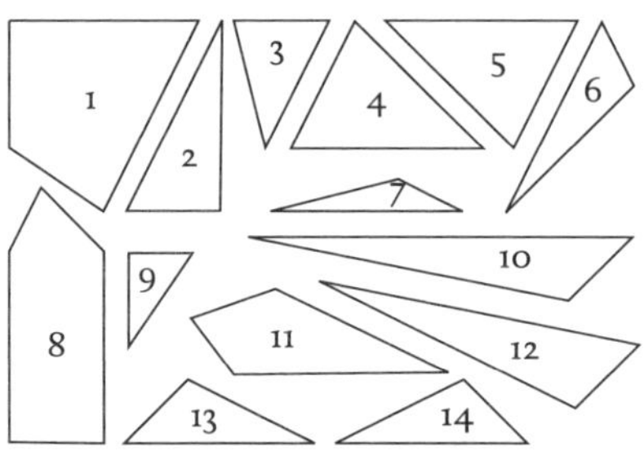

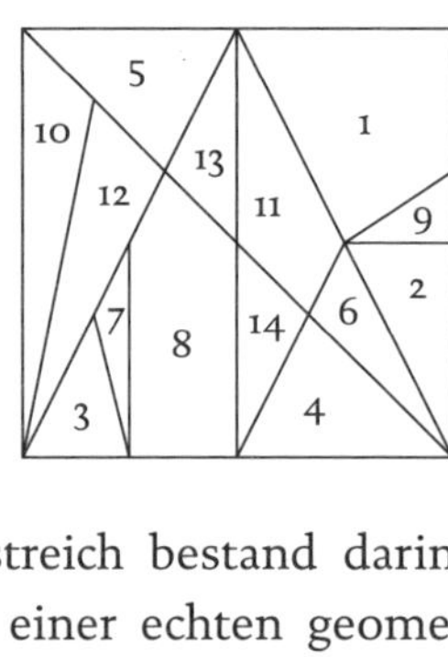

Archimedes' Geniestreich bestand darin, ein zunächst banal wirkendes Spiel zu einer echten geometrischen Knobelei zu machen, die obendrein zu einem erstaunlichen Ergebnis führt: Alle Teile des Puzzles sind kommensurabel mit dem ganzen Quadrat. Einfach erklärt bedeutet das, dass bei einer Gesamtfläche des Quadrats von 48 Quadratzentimetern die Fläche jedes einzelnen Puzzlestücks einer ganzen Zahl entspricht (also 1 cm^2, 2 cm^2, 7 cm^2 usw.) – und das ist tatsächlich alles andere als zu erwarten.

In diesem Fall handelt es sich tatsächlich nicht um eine Erzählung, die erst Jahrhunderte später weitergegeben wurde: Die kleine Abhandlung mit dem einfachen Titel *Stomachion*,[12] in der Archimedes seine Berechnungen vorstellt, hat sich erhalten. Zum Spaß kann man das Stomachion auch wie ein Tangram verwenden (das mittelalterliche chinesische Puzzlespiel, das seit ein paar Jahrzehnten als mathematische Denksportaufgabe sehr beliebt ist). Dabei geht es dann nicht nur darum, ein Quadrat zu vervollständigen, sondern amüsante Formen zu legen. So notierte bereits der Dichter Ausonius aus Bordeaux im 4. Jahrhundert n. Chr., man könne

> »[…] es ähnlich dem Spiel bezeichnen […], das die Griechen ›Stomachion‹ genannt haben. Knöchlein sind das; insgesamt haben sie vierzehn geometrische Figuren. […] Durch mannigfaltige Verfugungen dieser Gelenke wird das Aussehen von tausend Gestalten abgebildet: ein Elefanten-Ungeheuer oder ein Eber-Tier, eine fliegende Gans und ein Gladiator in Waffen, ein im Hinterhalt sitzender Jäger und ein bellender Hund, ja sogar ein Turm und ein Käfer und anderes dieser Art in unzähligen Figuren, was einer wissender als ein anderer mannigfach formt. Aber die Zusammenfügung durch Kundige ist ein Wunder […].«[13]

Hier eine Anleitung für den Gladiator:

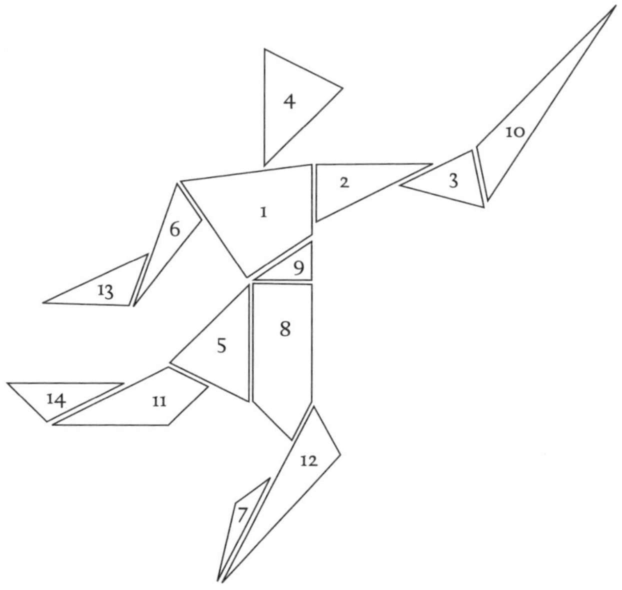

Und für den Rest tüfteln Sie doch einmal selbst!

Was die Anekdoten verschleiern

Die vier bekanntesten Anekdoten (das Heureka in der Badewanne, die Brennspiegel gegen die römischen Schiffe, der Hebel, um die Welt aus den Angeln zu heben, sowie die Endlosschraube als Wasserheber) zeigen uns Archimedes, sprich das Bild des Wissenschaftlers, aus mehreren Blickwinkeln. Zunächst einmal wird (wie bei Newton) die Vorstellung des Gelehrten bedient, der plötzlich, fast wie in einem Possenspiel, eine Eingebung hat, die die Welt der Wissenschaft auf den Kopf stellt. Auf dieses Bild greift Whitehead in der zu Beginn des Kapitels zitierten Passage zurück.

Daneben gibt es aber auch die Vorstellung einer Wissenschaft, die nur von Interesse ist, wenn sie einen praktischen Nutzen hat: die Brennspiegel im militärischen Bereich, der Hebel als mechanisches Werkzeug, die Schraube bei der Bewässerung, das Heureka zur Lösung eines Kriminalfalls. Das entspricht der Frage, die Schüler oder Normalbürger sich in Sachen Wissenschaft – besonders in Bezug auf die Mathematik – häufig stellen: »Wozu braucht man das eigentlich?« Mathematik wird häufig als verwirrende Kopfzerbrecherei empfunden, die sich nur durch einen praktischen Nutzen rechtfertigen lässt.

Dabei sieht es gerade so aus, als habe Archimedes selbst nur seine theoretische Arbeit für relevant befunden. Drei Gründe sprechen dafür: Erstens sind von ihm nur theoretische Arbeiten überliefert (vor allem aus der Geometrie), zweitens sind seine physikalischen Arbeiten (insbesondere zur Hydrostatik mit dem berühmten Archimedischen Prinzip) rein mathematische Abhandlungen, für die er keine Experimente brauchte, und schließlich sind sich alle antiken Autoren, die ansonsten sehr unterschiedliche Erzählungen berichten, darin einig, dass Archimedes die praktische Anwendung seiner Entdeckungen verachtete.

Tatsächlich verdecken diese Anekdoten auch die eigentlichen genialen Entdeckungen des Archimedes: So entwickelte er eine Methode zur Annäherung gekrümmter geometrischer Formen mithilfe von Polygonen,[14] die erst Leibniz und Newton mit der Infinitesimalrechnung verbessern konnten (vgl. Kapitel 1); außerdem wendete er diese Methode breit an, etwa zur genäherten Schätzung der Kreiszahl π (auf $\frac{22}{7}$) und ihrer bereits sehr genauen Bezifferung auf einen Wert zwischen $3+\frac{10}{71}$ und $3+\frac{10}{70}$ sowie zur Berechnung der unterschiedlichsten Flächeninhalte (Quadratur von Spirale und Parabel) und Volumina.

Am stolzesten war er übrigens auf die Berechnung eines ganz bestimmten Volumens: Nach sehr ausführlichen und beeindruckend virtuosen Überlegungen bewies er, dass das Volumen einer in einem Zylinder enthaltenen Kugel (die alle seine Flächen berührt) exakt zwei Drittel vom Volumen des Zylinders beträgt.

Er war darauf so stolz, dass eine einem Zylinder eingeschriebene Kugel auch sein Grab schmückte, was es zwei Jahrhunderte später Cicero ermöglichte, die Grabstätte zu identifizieren:

> »Nachdem ich nun mit den Augen alles gemustert hatte (bei dem Agrigentinischen Tore gibt es nämlich eine ganze Masse von Gräbern), da bemerkte ich eine kleine Säule, die nicht sehr aus dem Gebüsch herausragte. Und da fand sich die Gestalt der Kugel und des Zylinders. Ich sagte sofort den anwesenden Syrakusanern, deren Notabeln bei mir waren, ich dächte, es sei eben dies, was ich suchte. Da wurden denn viele Leute mit Sicheln vorgeschickt und sie reinigten und öffneten den Ort. Als einmal der Zugang freigelegt war, begaben wir uns zu der anderen Seite der Basis. Es zeigte sich jenes Epigramm, bei dem die zweiten Teile der Verse ungefähr bis zur Hälfte verwittert waren. So hätte denn eine der vornehmsten Städte Griechenlands, einstmals auch eine der gebildetsten, das Grabmal eines ihrer scharfsinnigsten Bürger vergessen, wenn es nicht von einem Manne aus Arpinum wieder entdeckt worden wäre.«[15]

Vor diesem Hintergrund ist verständlich, warum auf der Fields-Medaille, einer der höchsten Auszeichnung für Mathematiker, auf einer Seite ein Bildnis von Archimedes und auf der anderen eine Kugel in einem Zylinder dargestellt sind.

Nach mir die Sintflut

Eine letzte Auswirkung der Legenden, die sich um Archimedes ranken, zeigt sich in der allgemeineren Wahrnehmung der Wissenschaftsgeschichte. Dies hat Eric Temple Bell, einer der großen Mathematiker der ersten Hälfte des 20. Jahrhunderts (ihm verdanken wir insbesondere die Bellsche Zahl in der Kombinatorik), in einem seiner populärwissenschaftlichen Sachbücher wunderbar auf den Punkt gebracht:

> »Die moderne Mathematik ist mit Archimedes geboren und mit ihm für die nächsten 2000 Jahre gestorben. Zurück ins Leben fand sie erst mit Descartes und Newton.«[16]

Unbestritten war Archimedes ein unermessliches Genie, und sein Werk stellt in der Tat einen bedeutenden Schritt in der Entwicklung der Mathematik dar. Allerdings war die griechische Mathematik nach ihm alles andere als tot: Die Geometrie mit Apollonios von Perge, die Arithmetik mit Nikomachos von Gerasa, die Algebra mit Diophantos (um nur drei beim breiten Publikum mehr oder weniger bekannte Namen zu nennen) – in allen Bereichen entwickelte sie sich auch nach ihm beträchtlich weiter.

Warum also wird die Nachfolge des Archimedes so kleingeredet? Warum landet all das auf dem Abstellgleis der Geschichte? Erst recht gilt das ja für das gesamte Mittelalter, in unserer Vorstellung ein Jahrtausend, in dem die Wissenschaft im

Dornröschenschlaf lag (vgl. Kapitel 7). Schuld ist wahrscheinlich unsere Liebe zu Genies. Wir haben es bereits bei Newton (vgl. Kapitel 1) angesprochen und sehen bei Archimedes noch deutlicher, wie sehr wir uns danach sehnen, die Geschichte der Naturwissenschaften auf wenige große Namen zu reduzieren, als wären die weniger bekannten (egal, ob zu Recht oder zu Unrecht) nur farblose Randfiguren oder einfach unwichtiger.

In der Kunst beobachten wir dasselbe: Das 18. Jahrhundert wird in der Musik auf Bach, Mozart und Haydn reduziert; in der Malerei auf David, Fragonard und Boucher; in der Literatur auf Voltaire, Diderot und Rousseau. So eine Darstellung mag bei Grundschülern durchaus angebracht sein, bietet sie doch einen ersten Zugang zum Thema. Aber ernsthaft daran zu glauben und den ganzen Rest als minderwertig und damit uninteressant abzutun, ist ein entsetzlicher Fehler und sehr schade.

In der Naturwissenschaft ist das noch schlimmer, weil gerade die Arbeiten von Forschern, die als minderbedeutend gelten, häufig zu Impulsgebern für die wurden, die als bedeutend gelten. Nicht jede Ära hat die größten Genies zu bieten, aber immer gibt es zahlreiche Gelehrte, die die Wissenschaft voranbringen.

Es stimmt, dass manche sehr schnell zur Legende wurden: Archimedes genau wie Newton oder Einstein (vgl. Kapitel 8) hatten diesen Status als Legenden bereits zu ihren Lebzeiten, und ihre Nachfolger unterhielten und förderten manchmal diesen Eindruck. Leugnet man aber die Beiträge der anderen Gelehrten, so ignoriert man die Logik der Wissenschaftsgeschichte und sieht sie als eine Art konturlosen Ozean, in dem nur die großen Inseln, die über den Meeresspiegel hinausragen, zum Fortgang der Geschichte beitragen.

Den vollständigen Überblick über die gesamte Wissenschaftsgeschichte zu haben, ist natürlich schwierig; schon ein klarer Blick auf die Geschichte eines Mikro-Themas in einem begrenzten Zeitraum ist komplex (ein Historiker, egal ob im

Bereich der Wissenschaft oder zu einem anderen Thema, leistet eine schwierige Rekonstruktionsarbeit mit extrem hohem Aufwand). Dennoch sollte man sich zumindest bewusst sein, dass das übliche Memorieren einiger weniger Namen nicht der Wirklichkeit der Wissenschaftsgeschichte entspricht. Es mag bequem sein, um sich in der Zeit und der Entwicklung des Wissens zu orientieren, aber es bleibt eine optische Täuschung, auf die wir nicht hereinfallen dürfen. Sieht man nur die, die man für die Sonne hält, läuft man Gefahr, sich von dem Licht, das von ihnen ausgeht, blenden zu lassen.

3
Von der Forscherin zum Vorbild

»Auf die Frage eines Journalisten: ›Wie ist es, mit einem Genie verheiratet zu sein?‹, antwortete Marie Curie: ›Das müssen Sie meinen Mann fragen!‹«

Ein sehr bekanntes Zitat, das in vielen Büchern und auf unendlich vielen Websites steht, und zwar in den unterschiedlichsten Kontexten wie Wissenschaftsvermittlung, Feminismus, Persönlichkeitsentwicklung oder auch Management. Und doch: Dieser Wortwechsel ist zwar sehr amüsant (inspirierend, wie man heute sagt, um ein Buch oder ein Zitat besser zu vermarkten), aber frei erfunden (Philologen würden es apokryph nennen). Und er ist nicht nur erfunden, sondern widerspricht auch ganz und gar der Persönlichkeit von Marie Curie und der Haltung, mit der sie ihre beiden Nobelpreise entgegennahm.

Bevor wir uns also mit dem Mythos beschäftigen, der sich um sie rankt, wollen wir ein paar Tatsachen zu ihrer Karriere in Erinnerung rufen. Geboren 1867 als Maria Skłodowska in Warschau, geht sie 1891 nach Paris, wo sie eine Zeit lang bei ihrem Schwager wohnt, bevor sie sich ein Zimmer mietet und ein Physikstudium aufnimmt (an der Sorbonne gibt es damals nur eine Handvoll Studentinnen unter Hunderten Studenten). 1893 schließt sie als Jahrgangsbeste ihre Licence in Physik ab – was in etwa dem heutigen Bachelorabschluss entspricht –, ein Jahr darauf als Zweitbeste in Mathematik. In einem Forschungslabor begegnet sie Pierre Curie, beide arbeiten zusammen und heiraten 1895. 1896 legt sie wieder als Jahrgangsbeste die Agrégation in Mathematik ab und erhält damit die Zugangsberechtigung zum höheren

Lehramt. Im Folgejahr bringt sie ihre erste Tochter Irène zur Welt (die spätere Irène Joliot-Curie, Nobelpreisträgerin für Chemie im Jahr 1935).

In dieser Zeit sind gerade zwei Arten von Strahlungen entdeckt worden: die Röntgenstrahlung von Wilhelm Röntgen und die »Becquerel-Strahlung« durch Henri Becquerel. Letztere wählt Marie Curie zum Thema ihrer Doktorarbeit, die sie im Juni 1903 mit beeindruckenden Ergebnissen vorlegt: Sie findet zwei neue Elemente, das nach ihrem Heimatland benannte Polonium sowie Radium; sie entdeckt und benennt die Radioaktivität; und für all das erhält sie während ihres Promotionsstudiums dreimal einen Preis der französischen Académie des Sciences. Als seine Frau der Radioaktivität auf die Spur kommt, unterbricht übrigens Pierre Curie seine eigene Arbeit, um sie bei ihrer Forschung zu unterstützen.

Am 10. Dezember 1903 geht der Nobelpreis für Physik einerseits an Marie Curie und Pierre Curie und andererseits an Henri Becquerel für ihre Arbeit über die Radioaktivität (allerdings werden wir gleich sehen, dass das alles nicht so einfach war, wie es klingt). Marie ist damit die erste Frau, die mit einem Nobelpreis ausgezeichnet wird.

1904, zwei Monate vor der Geburt ihrer zweiten Tochter Ève, wird Pierre Curie auf einen neu eingerichteten Lehrstuhl für Physik an der naturwissenschaftlichen Fakultät der Universität Paris berufen, während Marie zur Leiterin des dazugehörigen Forschungslabors ernannt wird.

1906 dann ein Drama: Pierre wird von einem Pferdefuhrwerk erfasst und stirbt – ein schwerer Schlag für Marie Curie. Sie wird daraufhin zu Pierres Nachfolgerin ernannt und hält am 5. November 1906 ihre Antrittsvorlesung, womit sie die erste weibliche Lehrbeauftragte an der Sorbonne ist. 1908 wird ihr die ordentliche Professur übertragen. 1911 erhält sie einen zweiten Nobelpreis, diesmal in Chemie für ihre Entdeckung und Untersuchung von Polonium und Radium (allerdings unter komplexen Umständen, dazu unten mehr).

Mit Marie Curie wird zum ersten Mal eine Person mit zwei Nobelpreisen ausgezeichnet. Nach ihr gelang das bisher nur vier Männern: Linus Pauling (Chemie 1954 und Frieden 1962), John Bardeen (Physik 1956 und 1972), Frederick Sanger (Chemie 1958 und 1980) und K. Barry Sharpless (Chemie 2001 und 2022).

Als Nächstes gründet und leitet Marie das Institut du Radium, im Ersten Weltkrieg rüstet sie Röntgenwagen aus, die den Beinamen »petites Curies« erhalten, bildet zahlreiche junge Frauen zu Radiologieassistentinnen aus und fährt selbst an die Front, um in Begleitung ihrer Tochter und Mitarbeiterin Irène Verwundete zu röntgen.

1921 reist sie auf Initiative einer amerikanischen Journalistin in die USA, um Gelder für ihr Institut zu sammeln (zu den Folgen dieser Tournee siehe unten). Als regelrechte Berühmtheit engagiert sie sich unter anderem an der Seite Albert Einsteins in der Internationalen Kommission für geistige Zusammenarbeit (der Vorgängerinstitution der UNESCO), einem Organ des Völkerbunds (des Vorgängers der UNO) zur Förderung des wissenschaftlichen und intellektuellen Austauschs. Sie stirbt 1924 an Leukämie, eine Folge der Strahlung, der sie bei ihrer Arbeit jahrelang ausgesetzt war.

Der Mythos Marie Curie

So viel an Fakten über diese Lichtgestalt der Wissenschaft, deren Entdeckungen in diversen Fachgebieten entscheidende Auswirkungen hatten (Physik, Chemie, Medizin, Atombombe usw.).

Denkt man heute an Marie Curie, so denkt man an die größte Wissenschaftlerin der Geschichte, an die Frau, die für andere den Weg ebnete, ein Vorbild für viele Mädchen und junge Frauen ist und sie inspiriert, in die Forschung zu gehen. Das geht so weit, dass die Europäische Kommission und die EU 1994 ein Bündel von Subventionsprogrammen für wissenschaftliche Forschung beschloss, das den Namen »Marie-Skłodowska-Curie-Maßnahmen«[1] trägt und als wichtiges Instrument der europäischen Forschungspolitik bis heute existiert. Auf der dazugehörigen Website der EU-Kommission wird eine Wissenschaftshistorikerin aus Cambridge, Patricia Fara, zitiert, die unter anderem über die Geschichte der Frauen in der Wissenschaft forscht; sie unterstreicht, wie wichtig Marie Curie für ihre eigene Laufbahn war:

> »Sie hinterlässt ein riesiges Erbe mit ihrer Leistung, Frauen in die Wissenschaft zu bringen. Für mich war sie ein fantastisches Vorbild, als ich noch in der Schule war.«[2]

In der Tat ist Marie Curie das ultimative Vorbild für Mädchen und junge Frauen, um ihnen zu zeigen, dass die Naturwissenschaften keineswegs den Männern vorbehalten sind. Zudem verkörpert sie die Öffnung der Forschung für Frauen und die Möglichkeit, nicht nur Assistentin großer Wissenschaftler zu werden, sondern selbst eine große Wissenschaftlerin. Damit ist sie ein Symbol des Feminismus, der den Frauen Zugang in die Wissenschaft, aber auch generell in die Arbeitswelt verschafft. Sie war, so heißt es manchmal, eine »tätige Feministin« und ist heute beinahe ein Mythos: So wie Einstein (siehe Kapitel 8) für den Gelehrten schlechthin steht, steht Marie Curie für die Gelehrte schlechthin. Das Jahr 2011, in dem sich ihr zweiter Nobelpreis zum 100. Mal jährte, rief denn auch die Vollversammlung der Vereinten Nationen zum »Marie-Curie-Jahr« aus.

Außerdem ist sie Protagonistin zahlreicher Comics,[3] Biographien, die über die einfache Lebensbeschreibung hinaus auch Inspiration sein möchten,[4] aber auch von Jugendromanen mit demselben Ansinnen,[5] von Romanen für Erwachsene[6] und sogar von Filmen.[7]

Dort wird sie als moderne Frau präsentiert, als die ihre Charakterstärke sie ausweist, ihr mutiger Einsatz im Krieg, ihre wissenschaftliche Genialität, aber auch ihr Privatleben, ist sie doch bald schon verwitwete Mutter, alleinerziehend und eine selbstständige, freie Frau, die ein Verhältnis zu dem Physiker Paul Langevin unterhält. Durch und durch Frau und ihrer Zeit voraus; so sahen es bereits manche zeitgenössischen Beobachter, wie dieser Auszug aus einem 1910 erschienenen Artikel bezeugt, mit dem »Madame Pierre Curie« (so wurde sie in Frankreich genannt) den Titel der Zeitschrift *Les Hommes du jour* (allen Ernstes: »Die Männer von heute«) zierte. Der Artikel schließt mit den Worten:

> »Die Entscheidung, Madame Curie hier in den Fokus zu stellen, die hingebungsvolle Gattin und Mutter und zugleich großartige Gelehrte, fiel deshalb, weil sie mir als Typus der Frau von morgen erscheint und mich an die großen Figuren in den Fresken von Puvis de Chavannes erinnert, diese ernsten und beinahe abstrakten, aber doch weiblichen Gestalten, die in einem heiteren Dekor aus Luft und Licht Wissenschaft und Kunst verkörpern.«[8]

Der erste Nobelpreis – fast wäre sie leer ausgegangen

Allerdings spiegelt dieser Artikel nicht die damals verbreitetste Meinung wider. Marie Curie galt zunächst als Ehefrau und damit als Assistentin ihres Gatten.

Zurück ins Jahr 1903, das Jahr ihres ersten Nobelpreises. Alles beginnt am 27. Januar, als beim Komitee des Physik-Nobelpreises in Stockholm wie üblich ein handgeschriebener Brief eingeht,[9] in dem Frankreich seine Kandidaten für den im November zu vergebenden Preis vorschlägt. Die Unterzeichner des Briefes sind leicht zu identifizieren, sie nehmen durchweg wichtige Positionen im damaligen Wissenschaftsbetrieb ein;[10] darüber, wer ihn verfasst hat, besteht dagegen einige Unklarheit: Vielleicht war es Henri Poincaré, dessen Handschrift man zu erkennen meint.[11] Jedenfalls schlägt dieser Verfasser zwei Namen vor: Henri Becquerel und Pierre Curie. Marie Curie wird von Frankreich also nicht für den Preis nominiert. Warum nicht, ist schwer zu sagen: Natürlich könnte schlicht und einfach Misogynie dahinterstehen (der Brief ist nur von Männern unterzeichnet; und falls ihn tatsächlich Poincaré geschrieben hat, lohnt sich der Hinweis, dass sein Sohn wie er selbst an der renommierten École Polytechnique studierte, seine Töchter dagegen keine höhere Bildung erhielten); oder aber es liegt daran, dass Marie Curie zu diesem Zeitpunkt ihre Dissertation noch nicht abgeschlossen hat (die Promotion erfolgt erst im Juni desselben Jahres); vermutet wird auch, dass Poincaré, der mit Becquerel sehr verbunden war, verhindern möchte, dass sein Freund durch das Gewicht des Paares »erdrückt« wird.

Wie auch immer: Pierre Curie schreibt postwendend an Poincaré (was ebenfalls darauf hindeutet, dass der tatsächlich der Verfasser des Briefes ist) und fordert ihn auf, Marie als Kandidatin mit aufzunehmen:

> »Es wäre mir eine sehr große Ehre, die ich freilich sehr mit Madame Curie zu teilen wünsche, sodass wir hier als Partner gesehen werden, so wie wir es in unserer Arbeit gewesen sind.
>
> Madame Curie hat die radioaktiven Eigenschaften der Uran- und Thoriumsalze und der radioaktiven Mineralien untersucht. Sie trieb mit großem Engagement die chemische Erforschung der neuen Elemente voran, sie führte alle notwendigen Fraktionierungen durch, um das Radium abzutrennen, und bestimmte das Atomgewicht dieses Metalls, und schließ-

lich wirkte sie erheblich an der Untersuchung der Strahlen und der Entdeckung der aktivierten Radioaktivität mit. Mir scheint, würden wir im aktuellen Fall nicht als Partner gesehen, so würde das gewissermaßen bedeuten, dass sie nur als Laborantin tätig war, was aber nicht den Tatsachen entspräche.«[12]

Poincaré aber unternimmt nichts. Einige Monate später spricht eines der Mitglieder im Nobelkomitee, der Mathematiker Magnus Gösta Mittag-Leffler, mit Pierre Curie; dieser schreibt ihm daraufhin einen Brief recht ähnlichen Inhalts wie zuvor an Poincaré und bittet darum, Marie in den potenziellen Preis mit einzuschließen. Nach einem vergeblichen Versuch, Poincaré umzustimmen, agiert Mittag-Leffler im Hintergrund; so hält etwa am Vorabend der Entscheidung über den Preis sein Freund Knut Ångström in der Schwedischen Akademie einen Vortrag über das Radium, eine von Marie Curies bedeutendsten Entdeckungen. Am nächsten Tag wird der Preis dem Ehepaar Curie sowie Becquerel zugesprochen. Allerdings sei bemerkt, dass das Preisgeld zu einer Hälfte an die beiden Curies geht und zur anderen Hälfte an Becquerel, während es normalerweise unter allen Empfängern aufgeteilt wird: Pierre und Marie Curie zählen hier also als eine Person und nicht als zwei. Doch das Symbol ist da, und das ist wahrscheinlich besser als gar nichts: Marie Curie wird als erste Frau mit dem Preis ausgezeichnet.

Und doch sieht die Öffentlichkeit in ihr noch nicht die Forscherin, die heute so viel Bewunderung erntet, sondern doch nur die Frau ihres Mannes; das bezeugt dieses Zitat aus der Wochenzeitschrift *Le Petit Parisien* einen Monat nach der Bekanntgabe der Preisträger:

»Als hingebungsvolle Mitarbeiterin ihres Mannes bindet sie ihren Namen an die meisten gemeinsamen Entdeckungen und arbeitet Tag für Tag im Labor an seiner Seite.«[13]

Wohlbemerkt ist der Artikel insgesamt (sowie das illustrierte Titelblatt der Ausgabe) keinesfalls gewollt frauenfeindlich oder herabwürdigend gegenüber Marie Curie: Eine Frau als »echte« Gelehrte ist ganz einfach unvorstellbar, man kann sie sich nur als Mitarbeiterin denken. Eine implizite Misogynie, die beinahe freundlich scheint, aber doch ein bitterer Schlag ist; aus derselben Haltung heraus titelten noch ein Jahrhundert später viele internationale Medien, als der Wirtschaftsnobelpreis 2019 an Esther Duflo und Abhijit Banerjee ging: »Professor Abhijit Banerjee und Gattin erhalten den Nobelpreis«.[14] Auch hundert Jahre nach Marie Curie ist es noch genauso schwierig zu denken, dass eine Frau etwas anderes sein kann als »die Frau von« (siehe Kapitel 11 zu Émilie du Châtelet).

Als Marie Curie 1906 die Vorlesung ihres kürzlich verstorbenen Mannes übernimmt, wird denn auch eine Frau aus den Kulissen geholt, die nur als Sprachrohr ihres toten Gatten fungieren kann:

> »Man wollte die erste Frau in der Hochschullehre sehen; man wollte die Witwe Pierre Curies sehen, die graue Eminenz dieser Lichtgestalt der Wissenschaft, die aus ihrer stummen Tätigkeit hervortrat, den Satz beendete, den der Tod ihrem Gatten von den Lippen gerissen hatte, eine Fortsetzung des Dahingeschiedenen. Doch vielleicht war man vor allem beseelt von der indiskreten Neugierde darauf, wie diese Witwe mit ihrer Trauer umging. […]
>
> Mit nobler Geste und ganz ohne Emphase, wie einst die Heldinnen in der Schlacht, hatte sie das Schwert des gefallenen Gatten an sich genommen, sodass er auch im Tod noch weiter kämpfte. Es gab keine Unterbrechung, keine Veränderung.«[15]

Aus Marie spricht also Pierre, sie ist nur sein Sprachrohr, die ergebene Botin. Das heißt, sie existiert nicht für sich selbst und kann gar keine echte Wissenschaftlerin sein. In den Augen ihrer Zeitgenossen ist ihr Nobelpreis ohne Wert.

Der zweite Nobelpreis – fast hätte sie ihn abgelehnt

1911 erhält Marie Curie, diesmal allein, ihren zweiten Nobelpreis. Diesmal werden die Schwierigkeiten nicht hinter den Kulissen verhandelt, sondern auf offener Bühne; und es wird mit sehr viel härteren Bandagen gekämpft.

Maries gleichzeitige Bewerbung um die Aufnahme in die Académie des Sciences weckt bei manchen Hoffnungen, bei anderen aber große Verärgerung. Dass eine Frau Mitglied des Gremiums werden könnte, sorgt für Entrüstung, obwohl Marie Curie paradoxerweise im Ausland bereits anderen Akademien angehört. Die Prophetin gilt nichts im eigenen Land, und schon gar nicht, wenn sie dort selbst Ausländerin ist. Denn auch fremdenfeindliche Äußerungen lassen nicht lange auf sich warten.

Tatsächlich hat Marie Curie, die seit 1906 verwitwet ist, ein Verhältnis mit dem Physiker Paul Langevin, der selbst verheiratet ist. Wenige Jahre nach der Beilegung der Dreyfus-Affäre wird die Polin Marie zur willkommenen Zielscheibe einer Polemik, die bald als »Langevin-Affäre« in die Annalen eingeht. Anfang November 1911 enthüllen mehrere Zeitungen die Liaison und werfen nicht etwa dem verheirateten Mann vor, seine Frau zu betrügen, sondern der Witwe, »Monsieur Langevin von seinen ehelichen Pflichten abgebracht« zu haben.[16] Auf der Straße vor ihrer Haustür sind Rufe zu hören: »Nieder mit der Fremden, der Männerdiebin!«[17] Ein gefundenes Fressen für radikal rechte Zeitungen, die einen (angeblichen?) Briefwechsel des Liebespaars veröffentlichen und Marie Curie mit groben Worten verunglimpfen.

Gleichzeitig wird sie am 8. November informiert, dass ihr der Nobelpreis zuerkannt wurde, aber die Affäre greift so um sich, dass Svante Arrhenius, ein Mitglied des Nobelkomitees, der ihre Kandidatur unterstützt hat, sie schriftlich auffordert, angesichts der Umstände nicht zur Preisverleihung anzureisen. Sie aber lässt sich nicht einschüchtern und hält am 11. Dezember ihre Nobelvorlesung; darin stellt sie ausnahmsweise ihre natürliche Bescheidenheit hintan und spricht deutlich aus, dass sie die treibende Kraft für die Forschungsarbeit war, die sie gemeinsam mit Pierre durchgeführt hat. Bemerkenswert ist außerdem, dass sie in dieser Rede das Pronomen »ich« verwendet, während 1903 noch Pierre allein die Dankesrede gehalten hatte:

> »Die Geschichte der Entdeckung und der Abtrennung dieser Substanz [Radium] lieferte den Beweis für die Hypothese, die ich aufgestellt hatte [...].«[18]

Allerdings führen die Umstände bei der Zuerkennung des Nobelpreises 1903 – die ihr sicher weitgehend bekannt waren – sowie die Aufforderung, den Preis im Jahr 1911 nicht persönlich entgegenzunehmen, dazu, dass sie nie wieder auf die Anfragen des Nobelkomitees eingehen wird (obwohl sie als Preisträgerin ein festes Vorschlagsrecht hat).[19] Damit bricht sie offenbar endgültig mit dem ganzen Milieu (Nobelkomitee, Académie des Sciences), das sie auszeichnet, ohne sie wirklich zu akzeptieren.

Die absurde Kehrseite der Amerikareise

1921 geht Marie Curie auf Einladung der einflussreichen amerikanischen Journalistin Marie Mattingly Meloney auf Tournee in die USA, um Gelder für das Institut du Radium zu sammeln. Finanziell und persönlich ist die Reise ein Erfolg. So unerwartet wie paradox ist dagegen, wie problematisch sich ihr Besuch für die amerikanischen Wissenschaftlerinnen auswirken wird.

Zunächst eine Klarstellung: Entgegen der Legende war Marie Curie gar nicht die Frau, die anderen den Weg ebnete, denn Frauen gab es in der Wissenschaft bereits seit Jahrhunderten. In den USA forschten sogar für damalige Verhältnisse relativ viele Wissenschaftlerinnen, wie auch in nicht wenigen anderen Ländern, die Frauen in ihren Gelehrtengesellschaften akzeptierten. Ihre Existenz zu leugnen wäre also nicht nur ungerecht gegenüber den Forscherinnen dieser Zeit und der Vergangenheit, sondern man würde damit auch Marie Curie zur Ursache eines Phänomens machen (nämlich des Vordringens der Frauen in die Wissenschaft), dessen Folge sie viel eher war. Natürlich ist Marie Curie von überragender Bedeutung, aber auch vor ihr gab es bereits zahlreiche hochkarätige Wissenschaftlerinnen. In der englischsprachigen Welt genoss übrigens die schottische Mathematikerin und Astronomin Mary Somerville im 19. Jahrhundert ein ähnliches Renommee wie später Marie Curie in der ganzen Welt.

Gleichzeitig wird gerne angenommen und wiederholt, erst der Erste Weltkrieg habe es Frauen ermöglicht, eine Arbeit aufzunehmen, was grundfalsch ist, man denke nur an Bäuerinnen und Arbeiterinnen. Nur Frauen aus Bürgertum und Adel (also eine Minderheit in der Bevölkerung) mussten sich ihren Lebensunterhalt nicht verdienen. Es stimmt, dass von ihnen viele in dieser Zeit zu arbeiten anfingen, aber deswegen sollte man nicht die Arbeit von Frauen leugnen, die es natürlich immer gegeben hat.[20]

Nun nutzten aber die männlichen Kollegen Marie Curies Amerikareise völlig unerwartet gegen weibliche Wissenschaftlerinnen: Statt wie heute Marie Curie als lebenden Beweis dafür zu nehmen, dass Frauen den Männern ebenbürtig sein können und ihre Laufbahn also gefördert werden muss, kamen die Vertreter der Berufungskommissionen (in den Naturwissenschaften waren alle entscheidungsbefugten Posten von Männern besetzt) zu einem völlig anderen Schluss. Professoren und Dekane der amerikanischen Universitäten befanden, da Frauen ein Niveau wie Marie Curie erreichen *konnten*, war von jeder Bewerberin auf eine Professur *zu erwarten*, dass sie dieses Niveau erreichte. Die Folge war, dass Frauen, die einer zweifachen Nobelpreisträgerin nicht ebenbürtig waren, abgelehnt wurden.[21]

Bereits in den 1870er-Jahren hatte die amerikanische Astronomin Maria Mitchell zu hören bekommen, man werde keine weibliche Astronomin einstellen, die nicht das Niveau von Mary Somerville hatte. Es war also nicht das erste Mal, dass man das Renommee einer Wissenschaftlerin dazu benutzte, andere Frauen abzuweisen. Diesmal aber hatte die gewaltige Aura von »Madame Curie«, wie die Amerikaner sie nannten, katastrophale Folgen. Für Frauen wurden hier weniger Türen geöffnet als Schranken hochgezogen.[22]

So kam es zwischen 1920 und 1940 bei Wissenschaftlerinnen gehäuft zu Fällen von dem, was man heute als Burn-out bezeichnen würde, denn der Druck, der auf ihnen lastete, war unerträglich. Statt zum Vorbild für Frauen wurde Marie Curie damit zu einer Frau, die viele entmutigte und behinderte.[23] Man könnte hier von einem »Curie-Effekt« sprechen,[24] der absolut gegen Marie Curies Absichten ging und eigentlich auf die revanchistische männliche Umdeutung eines entstehenden Mythos zurückzuführen ist.

Marie Curie und ihre Mythen

Grob gesprochen ranken sich um Marie Curie zwei Mythen. Der erste steht in Verbindung mit ihrem medizinisch-humanitären Engagement im Ersten Weltkrieg. Ihre kleinen Sanitätswagen, mit denen Verletzte geröntgt werden konnten, machten sie in der Vorstellung der Leute zu einer Art Krankenschwester, die ein bisschen forschte, aber nicht etwa für den wissenschaftlichen

Fortschritt, sondern um Leben zu retten. Die offizielle Website des EU-Förderprogramms, das ihren Namen trägt, rechtfertigt die Wahl ihrer Schirmherrin mit folgenden Eingangsworten:

> »Was hat Marie Skłodowska Curie für uns getan? Vor einhundert Jahren nutzte Marie Skłodowska Curie ihr wissenschaftliches Know-how zur Organisation ganzer Flotten von Röntgenwagen, die im Ersten Weltkrieg mobile Röntgenapparate zu verwundeten Soldaten an die Front brachten.«[25]

Genauso stellte übrigens auch Marie Mattingly Meloney Marie Curie dem amerikanischen Publikum vor. Damit wollte sie sicherlich Sympathie für eine Frau wecken, die typisch weiblichen Beschäftigungen nachging, um nicht womöglich Abneigung gegen eine Gelehrte hervorzurufen, die mit den Männern konkurrierte (denn Naturwissenschaften galten als Männersache).

Auf diese Weise wird also das Gedächtnis an Marie Curie und ihre Arbeit »entwissenschaftlicht«: weg von der reinen Theorie, vom erhabensten Erkenntnisstreben, und hin zu einer Tätigkeit, die weiblicher ist (Leben retten), praktischer (Krankenpflege), weniger intellektuell (keine zweifache Nobelpreisträgerin, sondern die Organisatorin eines Sanitätsdiensts). Auch bei Hypatia (vgl. Kapitel 6) werden wir sehen, dass das ein recht klassisches Vorgehen ist, um die Arbeit von Naturwissenschaftlerinnen herabzuwürdigen.

Der zweite Mythos ist der vom Archetyp der weiblichen Forscherin, die anderen Frauen den Weg ebnete. Die Wirklichkeit ihrer Zeit war, wie bereits angedeutet, sehr viel komplexer. Dieses positive Bild kam nach Curies Tod auf und ist vor allem dem Bestseller ihrer Tochter Ève zu verdanken: *Madame Curie* erschien 1938, wurde in zahlreiche Sprachen übersetzt und diente als Grundlage für den ersten Film über sie, den der amerikanische Regisseur Mervyn LeRoy 1943 drehte. Die Ehebruch-Vorwürfe waren (weitgehend) vergessen, und als ihre ältere Tochter Irène Joliot-Curie 1935 mit dem Chemie-Nobelpreis ausgezeichnet wurde – obendrein im Bereich Radioaktivität –, waren die Probleme der Vergangenheit beigelegt und eine regelrechte Dynastie begründet.

Dieser Mythos hat mehrere Facetten. Zunächst ist er ein Stück weit Heuchelei, dient er doch dazu, die bitteren Angriffe zu vertuschen, denen Marie Curie ausgesetzt war. Man soll offenbar glauben, Frauen in der Wissenschaft seien in ihrer Karriere aufgrund ihres Geschlechts keinen besonderen Schwierigkeiten ausgesetzt; und dass Marie Curie zwei Nobelpreise erhielt, beweise doch hinlänglich, dass die Welt der Wissenschaft ihnen nicht verschlossen ist. Das verzerrt die historische Wirklichkeit, denn es tilgt die andauernden Schikanen auf dem Weg zu den Nobelpreisen aus dem historischen Gedächtnis. Bis heute kann dies jeglichen Protest über weibliche Benachteiligung zum Verstummen bringen: Wenn Marie Curie es geschafft hat, gibt es keinen Grund mehr, dass eine Wissenschaftlerin sich über Benachteiligungen aufgrund ihres Geschlechts beklagt. Wir haben es also mit einer Art Wiederbelebung des »Curie-Effekts« zu tun, den Männer einst gegen Wissenschaftlerinnen einsetzten.

Hinzu kommt, dass der Mythos um Marie Curie so raumgreifend geworden ist, dass er eine weitere Perversion hervorgebracht hat: Wenn Sie den Namen einer Naturwissenschaftlerin nennen sollen, werden Sie zwangsläufig an sie denken (was natürlich völlig berechtigt ist). Fragt man Sie nach einer zweiten Naturwissenschaftlerin, denken Sie vielleicht an Irène Joliot-Curie, von der Sie wahrscheinlich nur wissen, dass sie ihre Tochter war. Und eine dritte? Die meisten von uns müssen da passen. Mit der Person von Marie Curie werden also andere Frauen in den Naturwissenschaften ausgeblendet. Bei den Männern ist das anders: Trotz der beherrschenden Stellung Einsteins fallen uns noch jede Menge weitere Wissenschaftler ein. Natürlich liegt das weder an Marie Curie selbst noch am Niveau der anderen Forscherinnen, sondern daran, dass das Bild, das man von ihr zeichnete, mehrfach gegen die Frauen eingesetzt wurde. So also lautet die paradoxe Wirkung des weiblichen Erfolgs: Wir vergessen, gegen welche Hindernisse er erkämpft werden musste, und am Ende schadet er den Frauen gar.

Heute aber sind tatsächlich immer mehr Frauen in den Naturwissenschaften tätig, und der Mythos um Marie Curie kehrt sich seit knapp zwanzig Jahren ins Positive und wird zur echten Quelle für Inspiration und Ehrgeiz bei Mädchen und jungen Frauen. Die Legende ist heute paradoxerweise näher an der historischen Realität als die öffentliche Wahrnehmung der Forscherin zu ihren Lebzeiten. Indem also wichtige Fakten weggelassen wurden und Marie Curie als freie, moderne Frau dargestellt wurde, die auf die Meinung der anderen pfeift (insbesondere in Bezug auf Langevin ist das historisch nicht korrekt), haben wir sie endlich von allen Vorwürfen reingewaschen, von jedem Verdacht der Inkompetenz und davon, dass ihr Image gegen sie verwendet wurde. Am Ende kam zum Vorschein, was sie im Kern tatsächlich war: eine der größten Gelehrten aller Zeiten – Männer und Frauen zusammengenommen.

4
Ein Wohltäter der Menschheit und seine kleinen Experimente

»Die Wissenschaft wird nicht müde werden, [...] in Pasteurs Genie das Zusammenspiel einer schöpferischen Vorstellungskraft und der allerstrengsten experimentellen Methodik zu bewundern. [...] Als der Lauf seiner Arbeiten ihn dazu brachte, sich dem menschlichen Schmerz zuzuwenden, kam er nicht mehr davon los und wurde nie müde, ihn zu lindern. [...] Sein Leben lang gehorchte er dem reinsten Ideal, einem erhabenen Ideal der Wissenschaft, der Tugend, der Barmherzigkeit. [...] Die Zukunft wird ihn in die glanzvolle Reihe der Apostel des Guten und des Wahren stellen.«[1]

Raymond Poincaré

Für alle Ewigkeit bleibt Louis Pasteur verbunden mit einer Entdeckung und einem Ereignis, das in vielerlei Hinsicht zum Mythos geworden ist: 1885 impft er einen an Tollwut leidenden Jungen, der wie durch ein Wunder geheilt wird. Der Geimpfte, der kleine Joseph Meister, tritt an der Seite seines Retters in die Geschichte ein. Es ist der Anfang der modernen Medizin und des allmählichen Untergangs der großen Epidemien; dank Pasteur bleibt die Menschheit fortan verschont von Plagen, von denen wir heute allenfalls noch die Namen kennen: Tollwut, Cholera, Milzbrand und viele weitere. So lautet in groben Zügen das, was in der breiten Bevölkerung bekannt ist und tradiert wird.

Interessanterweise berichtet Raymond Poincaré, im Ersten Weltkrieg französischer Staatspräsident, zehn Jahre nach dieser ersten Impfung in seiner Grabrede bei Pasteurs Bestattung zwar sehr viel präziser von dessen Beitrag zur Wissenschaft, als es sich im kollektiven Gedächtnis erhalten hat, doch auch er spricht bereits in Grundzügen an, was wir heute mit Pasteur verbinden: das Bild der wissenschaftlichen Exaktheit, der Wahrheitssuche zur Beseitigung des menschlichen Leidens und eines außerordentlichen Genies, das im Alleingang die Medizin revolutionierte.

Dieses Bild des modernen Helden schwebte auch dem 1901 mit dem ersten Literaturnobelpreis überhaupt ausgezeichneten Dichter Sully Prudhomme vor, als er Pasteur gleich nach der berühmten Episode von der ersten Impfung ein Sonett widmete, dessen beiden letzten Terzette lauten:

> La maladie, obscure et traîtresse ennemie,
> Étend et fait sévir sa puissance affermie
> Par l'âpre et long travail de son venin vivant.
>
> Mais tu la prends au piège où ton flambeau l'accule;
> Ton souple et fort génie, ô bienfaiteur savant,
> De cette hydre invisible est le nouvel Hercule![2]

Neben der Annäherung Pasteurs an Herakles besteht die größte Auffälligkeit des Gedichts wohl in der Bezeichnung *bienfaiteur* (»Wohltäter«), einem sehr starken Begriff, der in der Antike wenigen Königen vorbehalten war;[3] dies vermittelt den Eindruck, dass hier von einem außergewöhnlichen Mann die Rede ist, unanfechtbar, beinahe prophetisch, weil er uns ein absolutes Beispiel davon vor Augen führt, was wir tun und was wir sein sollen.

Noch bis vor Kurzem fand sich im Archivbereich des offiziellen Internetauftritts der französischen Regierung diese Lobeshymne auf Pasteur:

> »Seine Grundhaltung des selbstlosen Gelehrten brachte ihm den Titel ›Wohltäter der Menschheit‹ ein. Das Institut zur Erforschung und Herstellung von Heilseren und Impfstoffen, das seinen Namen trägt, wurde im November 1888 nach seinen Entdeckungen zur Tollwut gegründet.«

Pasteur ist zweifellos eine erstrangige Gestalt in der Geschichte der Medizin und der Biologie, nicht nur wegen seiner Arbeiten zur Tollwut, sondern auch zur Pasteurisierung und zur Chiralität von Molekülen, seiner Widerlegung der Vorstellung von der Urzeugung (die besagt, dass jederzeit spontan Leben entstehen kann) und vieler weiterer herausragender Erkenntnisse, die dazu beigetragen haben, Mikrobiologie und Immunologie zu modernen Wissenschaften zu machen. Hier konzentrieren wir uns allerdings ausschließlich auf die Impfung, denn darauf gründet sich seine Legende. Tatsächlich ist diese Geschichte abgesehen von den nachträglichen Umdichtungen, die den Mythos weiter von der Wirklichkeit entfernen, bereits selbst von zahlreichen Unwahrheiten durchsetzt, die ihren Erfolg stark befeuert haben.

Eine gewagte öffentliche Präsentation

Pasteurs Forschungen zur Tollwut ergaben sich aus vorherigen Arbeiten zu Mikroorganismen, Gärung, Krankheiten der Seidenraupen, Geflügelcholera, Schweinerotlauf und Milzbrand. Nur von dieser letzten Erkrankung soll im Folgenden die Rede sein; schließlich geht es uns nicht darum, Pasteurs vollständige Laufbahn nachzuzeichnen, sondern darauf hinzuweisen, wie in der Wissenschaftsgeschichte von der Lüge Gebrauch gemacht wird.

Ende Februar 1881 ist Pasteur überzeugt, dass er einen Impfstoff gegen Milzbrand gefunden hat, jene wahrscheinlich seit der

Antike wütende bakterielle Erkrankung, die bei Nutzvieh und vereinzelt auch beim Menschen auftritt. Damals schreibt er an die Académie des Sciences:

»Jede unserer abgeschwächten Milzbrand-Bakterien stellt für die übergeordnete Bakterie einen Impfstoff dar, das heißt einen Erreger, der eine abgemilderte Erkrankung auslöst. Was also ist nunmehr einfacher, als unter diesen abgeschwächten Erregern solche zu finden, die bei Schafen, Kühen, Pferden Milzbrand verursachen, ohne sie aber zu töten, und sie so vor späteren tödlichen Erkrankungen zu schützen?«[4]

Zwei Monate später nutzt Pasteur auf Einladung der Société d'Agriculture von Melun die Möglichkeit, seine Impfung in großem Stil durchzuführen: Sechzig Schafe und zehn Kühe sollen ihm zur Verfügung gestellt werden, damit er an ihnen die Wirksamkeit seiner Behandlung nachweisen kann. Pasteur spielt dabei um einen sehr hohen Einsatz: Erweist sich das Experiment als erfolgreich, so wäre das ein nie da gewesener Paukenschlag, der seine Gegner in der Forschungsgemeinschaft zum Schweigen bringen und ihm die Anerkennung der Öffentlichkeit einbringen würde; andernfalls aber wäre sein Ruf dahin, weil dieser Misserfolg nicht im Labor stattfände, sondern in aller Öffentlichkeit. Tatsächlich drängen sich zahlreiche Landwirte, Tierärzte, Ärzte, aber auch Journalisten (unter anderem von der *Times*) in dem Weiler Pouilly-le-Fort, als es so weit ist.

Pasteurs Mitarbeiter tragen sich vor dem Ereignis mit Bedenken, zumal der Versuchsplan sehr streng ist[5] und jeder Fehler verboten. Pasteur dagegen ist elektrisiert:

»Die Akademie darf versichert sein, dass wir ein solches Programm erst ansetzten, als wir über solide Belege aus vorausgegangenen Experimenten verfügten, wenngleich keine von ihnen im Umfang dem gleichkam, das hier vorbereitet wurde. Im Übrigen begünstigt das Glück den, der vorbereitet ist, und genau in diesem Sinne, denke ich, ist das Dichterwort zu verstehen: *Audentes fortuna iuvat* [Das Glück lächelt dem Kühnen].«[6]

Die Hälfte der Tiere wird also geimpft, das heißt 24 Schafe, eine Ziege[7] und sechs Kühe, und zwar am 5. Mai mit einem wenig virulenten, abgeschwächten Bazillus (erste Dosis) und am 17. Mai mit einem etwas virulenteren Bazillus (zweite Dosis). Am 31. Mai wird sämtlichen Tieren, den geimpften wie den ungeimpften, ein sehr virulenter Bazillus injiziert (also die tatsächliche Krankheit), um zu zeigen, ob die geimpften Tiere überleben.

Doch da kommt es zu einem Problem: Am 1. Juni erhält Pasteur die Mitteilung, dass geimpfte Schafe Krankheitssymptome zeigen. Der spätere Träger des Medizinnobelpreises Charles Nicolle berichtet von Pasteurs Reaktion:[8]

»Vor seinem inneren Auge sah er bereits den Misserfolg und die sich überstürzenden Folgen des Scheiterns für seine Theorien, für sein Labor, für ihn selbst. Was konnte der Grund für die Katastrophe sein? Sein fest verwurzelter Glaube verbot jeden Zweifel an der Methode selbst. Schuld konnten nur seine Mitarbeiter haben. Der eben anwesende Roux bekam die Schimpftirade ab. Angeblich war sie gnadenlos. Madame Pasteur bemühte sich, ihren Mann zu beruhigen und das Opfer zu beschwichtigen. Machtlos deutete sie auf die Standuhr. Es sei höchste Zeit für die Nachtruhe, schließlich müssten sie am nächsten Morgen früh zum Ort des Experiments aufbrechen. Pasteur fuhr wütend auf. Er werde nicht hinfahren, tobte er, unmöglich könne er seiner Schande beiwohnen, seiner öffentlichen Entehrung, und da Roux für die Katastrophe verantwortlich sei, solle er die Schmach auch allein ertragen.

> Am nächsten Morgen nahmen Pasteur, Madame Pasteur und Roux gemeinsam den Zug. Das Spektakel, mit dem sie am Bahnhof empfangen wurden, verjagte die Gewitterwolken des Vorabends. Eine rasende Menge rief ihnen die Ergebnisse des Experiments entgegen: In der Kontrollgruppe waren alle Schafe tot oder dem Tode nahe, die geimpften Tiere waren alle am Leben. In seinem von der Menge belagerten Wagen richtete sich Pasteur hoch auf. Er wendete sich an seine gestrigen Widersacher, an seine Freunde, an alle. Berauscht von seinem Triumph rief er: ›Nun denn! Ihr Kleingläubigen!‹«[9]

Dass Pasteur (vor seinem großspurigen Auftritt) so große Bedenken hatte, lag daran, dass vorab keinerlei Versuche an Kühen stattgefunden hatten.[10] Er hatte sich zu diesem großangelegten Experiment ganz aufs Geratewohl eingelassen! Schlimmer noch: Auch bei Schafen hatten Tests außerhalb des Labors wohl gezeigt, dass das Verfahren noch nicht praxistauglich war[11] und einigermaßen willkürliche Ergebnisse erbrachte.[12] Daher waren die beiden »Laboranten« (in Wirklichkeit zwei große Gelehrte: Émile Roux und Charles Chamberland) so erschrocken, als Pasteur die enorme Herausforderung annahm.

Glücklicherweise hatten Roux und Chamberland entgegen Pasteurs Meinung die Vorgehensweise variiert: Ihnen war aufgefallen, dass die Beifügung einer kleinen Menge Kaliumdichromat die Bakterie praktisch unschädlich machte,[13] jedoch ohne sie ganz abzutöten (sodass der Organismus lernen konnte, den Erreger zu bekämpfen, ohne selbst infiziert zu werden). Durch diese Neuerung machten sie das Experiment zum Erfolg. Pasteur selbst gab weiterhin vor, sein »offizieller« Versuchsplan habe perfekt funktioniert, und legte die vollständige Methode erst 1883 offen.

Die ersten Tollwutimpfstoffe

Ausgehend von seinen Arbeiten zum Milzbrand wollte Pasteur im Anschluss einen Impfstoff gegen Tollwut entwickeln. Am Montag, den 26. Oktober 1885, präsentiert er mündlich seine *Methode zur Vorbeugung gegen Tollwut nach Biss*[14] und erklärt, er habe den kleinen Joseph Meister behandelt. Anders als in dem Bild, das man oft vor Augen hat, impft Pasteur das Kind nicht vor den Mitgliedern der Akademie, als hinge seine gesamte Karriere von einer einzigen Injektion ab: Nach dem Paukenschlag von Pouilly-le-Fort hat er keine Ambitionen auf einen ähnlichen Nervenkitzel.

Tatsächlich wurde, so erklärt Pasteur selbst, Joseph Meister am 4. Juli gebissen, also knapp vier Monate zuvor. Der Gelehrte hat sich also Zeit gelassen und seinen Patienten in größter Abgeschiedenheit behandelt – für den Fall, dass er trotz Behandlung gestorben wäre. Denn Letztere besteht schließlich, wie schon gesagt, in der Injektion der Tollwuterreger, damit das Immunsystem lernt, sie zu bekämpfen. Außerdem hat Pasteur das Kind nicht nur geimpft (mit einem abgeschwächten Virus), sondern ihm einen äußerst virulenten Erreger injiziert (das echte Tollwut-Virus): Er wollte sich vergewissern, dass das Immunsystem in der Lage ist, mit dem »reinen« Virus fertigzuwerden. Genau wie in Pouilly-le-Fort bei den Schafen und Kühen also, wo er zeigen wollte, dass nur die geimpften Tiere überleben würden. Und so verkündet Pasteur voller Stolz:

> »Joseph Meister entrann also nicht nur der Tollwut, die seine Bisswunden hätten hervorrufen können, sondern auch der Tollwut, die ich ihm inokuliert habe, um die durch die Behandlung hervorgerufene Immunität zu prüfen; und diese Tollwut war virulenter als die des Straßenhundes.«[15]

Das Kind hat also eine potenziell durch den Hund übertragene Tollwut überlebt, vor allem aber die, die Pasteur ihm injizierte, um die Wirksamkeit der Impfung zu prüfen. Heutzutage wäre eine so gefährliche und ethisch fragwürdige Praxis schlicht und einfach verboten.

Zwei Dinge sind hier bemerkenswert: Erstens ist Pasteur sehr wagemutig, fast schon tollkühn, denn er setzt das Leben eines Kindes aufs Spiel, bei dem er nicht sicher wusste, ob es Tollwut hatte (Pasteur räumt das mit der Formulierung »hätten hervorrufen können« ein). In Wirklichkeit überträgt nur durchschnittlich einer von sechs Hundebissen die Tollwut; und diese Wahrscheinlichkeit variiert je nach Tiefe und Lage der Wunde. Zudem wurde der Hund, der Joseph Meister biss, zwar getötet, doch ob sein Organismus tatsächlich vom Tollwutvirus befallen war, wurde nicht überprüft. Auf Tollwut hatte man lediglich aus seinem aggressiven Verhalten geschlossen.[16] Im Grunde gibt es also keinerlei Beweise dafür, dass der kleine Joseph Tollwut hatte. Sollte er aber infiziert gewesen sein und hätte man dem Virus freien Lauf gelassen, so hätte das seinen sicheren Tod bedeutet.

Zweitens ist Pasteur zwar einerseits äußerst wagemutig, andererseits aber doch sehr zurückhaltend dabei, die Therapie zu veröffentlichen und an die Medien zu geben. Zwischen dem 4. Juli und dem 26. Oktober spricht er darüber praktisch mit niemandem. Nur für den Fall, dass die Sache schlecht ausgeht. In Pouilly-le-Fort wäre es dazu fast gekommen, bei der Tollwutimpfung ist es schon zweimal passiert …

Denn Meister war gar nicht Pasteurs erster Tollwutpatient. Man weiß von mindestens zwei vorausgehenden Fällen: einem gewissen Girard, 61 Jahre, sowie Julie-Antoinette Poughon, einem elfjährigen Mädchen – zwei Menschenversuche also, die er nie publiziert hat und die nur in seinen Laborbüchern erwähnt sind.[17] Während Girard die Injektion offenbar überlebte, verstarb das Mädchen am 23. Juni 1885, also nur zwei Wochen, bevor der kleine Meister bei Pasteur vorgestellt wurde! Damit wird verständlich, warum Pasteur vorsichtshalber schwieg – beziehungsweise log.

Im folgenden Jahr kommt es zu einer noch viel dreisteren Lüge. Am 8. Oktober 1886 wird der zwölfjährige Jules Rouyer von einem Hund gebissen. Pasteur behandelt ihn ab dem 20. Oktober mit der »Intensivmethode«, also durch Inokulation eines Virus mit höherer Virulenz als bei Joseph Meister. Warum diese Entscheidung? Weil Pasteur seit einiger Zeit festgestellt hat, dass die ursprüngliche Behandlung (die er bei Joseph Meister angewendet hatte) nicht immer wirkte. Folglich hat er sie »geboostert«, und diese Intensivmethode ist inzwischen zur Norm geworden. Der kleine Rouyer jedoch erkrankt in der Nacht vom 24. auf den 25. November und verstirbt am folgenden Tag. Es stellen sich nunmehr zwei Fragen: 1. Ist das Kind an Tollwut gestorben? 2. Falls ja, ist es dem durch den Hund übertragenen Erreger erlegen oder dem in der Impfung?

Es kommt zu Ermittlungen. Erstaunlicherweise interessiert sich die Forschungsgemeinschaft vor allem für die erste Frage. Pasteurs Gegner hoffen, dass das Kind an Tollwut gestorben ist, um die Arbeiten an der Impfung diskreditieren zu können. Der Gerichtsmediziner, Paul Brouardel, ist allerdings mit Pasteur befreundet. Er entnimmt das Markhirn des Kindes, und Roux injiziert eine Emulsion daraus zwei Kaninchen, die rasch an Tollwut versterben.[18] Daraus lässt sich schließen: Das Kind hatte tatsächlich Tollwut. Im Lager der Pasteurianer macht sich Panik breit. Adrien Loir, angeheirateter Neffe Pasteurs und sein Mitarbeiter, gibt ein Gespräch wieder:

> »Brouardel wusste, dass ich [Roux] gegen die Anwendung der Behandlung beim Menschen war; und da er mir vertraute, fragte er mich, ob ich trotz meiner Ablehnung genügend an diese Behandlung glaubte, um die Verantwortung dafür zu

übernehmen, sie weiter auszuarbeiten – dann werde er mir vertrauen. Ich bejahte seine Frage.«[19]

Daraufhin erwiderte Brouardel:

»Wenn ich nicht zu Ihren Gunsten Stellung nehme, bedeutet das einen sofortigen Rückschritt um fünfzig Jahre in der Entwicklung der Wissenschaft. Das müssen wir verhindern.«[20]

Tatsächlich hat es bereits Fälle von Tollwut nach einer Impfung gegeben. Immerhin stehen wir erst am Anfang der klinischen Studien am Menschen, und es wäre verfehlt zu fordern, dass alles perfekt laufen muss: Forschung braucht Zeit. Doch die öffentliche Meinung ist anspruchsvoller und verlangt nach sofortigen Lösungen. Wäre die Affäre aufgeflogen, hätte das womöglich in der Tat den Pasteur-Gegnern Aufwind gegeben. Da weder ein Beweis dafür vorlag, dass der Hund tollwütig war, noch dafür, dass Rouyer durch den Biss infiziert wurde, könnten sie behaupten, der Tod des Jungen sei der Impfung geschuldet. Bei seinem Auftritt vor der Académie de Médecine im Januar 1887 verkündet Brouardel, das Kind sei an einer Harnvergiftung gestorben, und ergänzt das durch eine bewusste Lüge:

»Diese beiden Kaninchen sind heute, am 9. Januar 1887, also 42 Tage nach den Injektionen, bei guter Gesundheit [...]. Die negativen Ergebnisse der mit dem Markhirn dieses Kindes vollzogenen Inokulationen erlauben den Ausschluss der Hypothese, der junge Rouyer sei der Tollwut erlegen.«[21]

Die Lüge wirkt: Die Falschaussagen von Roux und Brouardel, die Pasteur billigt (zum Zeitpunkt von Rouyers Tod war dieser im Urlaub), diskreditieren ihre Gegner. Alfred Vulpian, Mitglied in gleich zwei Akademien (Académie des Sciences und Académie de

Médecine) und ein Unterstützer Pasteurs – in größter Heimlichkeit hatte er den Injektionen bei Joseph Meister beigewohnt –, wirft daraufhin dem Anführer der Pasteur-Gegner Antihumanismus und Antipatriotismus vor, weil er Pasteurs Ruhm beflecke.

Vergessene Vorgänger

Noch ein letzter – schneller – Punkt, bevor wir diese Lügen und die künstlich erschaffene Legende analysieren wollen: Pasteur gilt als Begründer der Impftechnik. Dafür bediente er sich (und das ist ganz normal) auch relativ ähnlicher Vorgängertechniken; zudem verdrängte er (und das ist weniger normal) direkte Vordenker[22] und sogar diejenigen, die genau die von ihm angewendete Technik entwickelten, und gab sie dem Vergessen preis.

Zunächst einmal ist der Gedanke, eine weniger virulente Form eines Virus einzusetzen, um einer Krankheit vorzubeugen, relativ alt: Die Methode existierte im 16. Jahrhundert in China zum Pockenschutz, später wurde sie im Osmanischen Reich praktiziert und Anfang des 18. Jahrhunderts von Lady Mary Wortley Montagu in Europa eingeführt. Übrigens war die Methode auch damals (wie zu Pasteurs Zeiten) höchst umstritten. Voltaire etwa gehörte zu ihren Fürsprechern, während d'Alembert sich vehement dagegen zur Wehr setzte, weil das Risiko bestand, durch die mutwillige Injektion von Pockenviren einen gesunden Menschen zu töten.[23] 1796 dann entwickelte Edward Jenner auf Basis der älteren Methoden die Kuhpocken-Inokulation (»Vakzination«) und damit die Pockenschutzimpfung im modernen Sinne. Das alles stellte Pasteur natürlich nie in Abrede, und alle Welt wusste von dieser Vorgeschichte zu seiner Forschung.

Was nun konkret den Milzbrand-Impfstoff betrifft, so war Pasteur nicht der Erste. 1880, also ein Jahr vor Pasteur, hatte bereits Henry Toussaint von der École Vétérinaire in Toulouse einen Impfstoff entwickelt,[24] und zwar mit abgeschwächten Viren und Phenol, das wie das Kaliumbichromat von Roux und Chamberland die Virulenz senkt, gleichzeitig aber die immunisierende Aktivität fördert. Genau diese Methode benutzte übrigens Claudio Fermi ab 1908 anstelle von Pasteurs Tollwutimpfstoff, der zu gefährlich und zu wenig wirksam war. De facto ersetzte Fermis Impfstoff den von Pasteur vollständig; Letzterer kam nur noch in Frankreich zum Einsatz, bevor er auch dort verschwand.

Dass in Pouilly-le-Fort im Grunde genommen der Impfstoff von Toussaint zur Anwendung kam, dürfte wohl zum Teil erklären, warum Pasteur nicht gleich offenlegte, dass der virulenzhemmende Wirkstoff beigefügt worden war. Pasteur missgönnte Toussaint ganz offensichtlich seinen Erfolg und versuchte, ihn zu diskreditieren, obwohl er gleichzeitig seine Methode selbst einsetzte.[25]

Zur Tollwut wiederum veröffentlichte Pierre Galtier,[26] Professor an der École Vétérinaire in Lyon, Arbeiten, die er bereits im August 1879 vor der Académie des Sciences vorgetragen hatte. Insbesondere schreibt er, dass Tollwut sich im Zeitraum zwischen der Infektion und dem Moment, ab dem sie unheilbar ist, behandeln lässt[27] – genau so wird Pasteur ja vorgehen. Im August 1881, also vier Jahre vor dem Fall Joseph Meister, beschreibt Galtier sogar ein Experiment, in dem es ihm gelungen ist, Schafe gegen Tollwut zu impfen!

1908 wird Galtier als aussichtsreicher Kandidat für den Nobelpreis gehandelt, doch wenige Tage vor der Abstimmung stirbt er. Da der Preis nicht posthum verliehen wird, erhalten ihn Paul Ehrlich und der Pasteur-Schüler Ilja Iljitsch Metschnikow für ihre Arbeiten zur Immunität. Damit gerät der Name Galtier beim breiten Publikum vollständig in Vergessenheit und kann dem Glanz Pasteurs nichts mehr anhaben.

Und das, obwohl Galtier auch der Erfinder einer weiteren Technik ist, die ebenfalls Pasteur zugeschrieben wird: der Pasteurisierung von Milch. Tatsächlich empfahl Galtier diese Technik als Erster, nämlich in seiner Abhandlung über ansteckende Krankheiten von Nutztieren von 1880.[28] Bemerkenswerterweise sollte Pasteur den Begriff *Pasteurisierung*, den andere auf ihn gemünzt hatten, nie für sich beanspruchen,[29] denn: Von nichts kommt nichts.

Mythen und Lügen

Zunächst einmal zeigen die Lügen rund um Pouilly-le-Fort und um den Fall Rouyer, dass die Wissenschaft nicht immer nach »wissenschaftlicher Methode« vorgeht, also nach strenger Exaktheit, intellektueller Aufrichtigkeit, perfekt designtem Versuchsplan und so weiter. Die Vehemenz, mit der in der Académie des Sciences um die Tollwutimpfung gestritten wird, die Konzentration auf den Fall Rouyer und die erbitterten Vorwürfe Vulpians sind ein Affront gegen das Konzept der wissenschaftlichen Debatte: Immerhin beschuldigt er Pasteurs Gegner, sie seien antihumanistisch und antipatriotisch, und greift damit zu völlig irrelevanten Argumenten. Zur Erinnerung: Wissenschaft gründet sich auf die Möglichkeit, Argumente und Gegenargumente zu diskutieren, zu debattieren und einander gegenüberzustellen, und das alles auf der Grundlage vernünftiger Überlegungen. Hier aber kam es zu einer Art irrationalem Ränkespiel, das auf Lügen beruhte, aber auch auf der völlig unwissenschaftlichen Aufforderung, Pasteur müsse im Namen Frankreichs unterstützt werden. Wissenschaftlich gesehen entbehrt das natürlich jeglicher Stichhaltigkeit.

Sehr viel stichhaltiger aber ist eine solche Argumentation in einer Welt, in der die Wissenschaft für nationalistische Bestrebungen instrumentalisiert wird. 1885 war der Nationalismus sehr stark, war doch die Niederlage Frankreichs gegen Preußen

(1870/71) noch frisch in Erinnerung (obendrein war Joseph Meister Elsässer, und das Elsass hatte Frankreich nach diesem Krieg abtreten müssen). Es spielt keine Rolle, ob ein Soldat recht hat oder nicht: Vor allem muss er seinem Lager zum Sieg verhelfen. Dasselbe gilt für Pasteur, der zum Ruhm seiner Nation instrumentalisiert wird. Eine wissenschaftliche Erkenntnis, von der man weiß, dass sie in Teilen falsch ist, muss also verkauft werden, weil ein höheres Interesse im Spiel ist als das der Wissenschaft.

Dieses Wissenschaftsmarketing greift im Übrigen zurück auf eine Form des Storytellings, die Pasteur auch selbst praktiziert: In seiner Ansprache vor der Académie des Sciences, in der er den Fall Meister vorstellt, berichtet er auch von einem anderen Patienten, dessen Behandlung gerade läuft und der (unter großem Medieninteresse) zum ersten öffentlich behandelten Patienten wird:

> »Nicht ohne Ergriffenheit dürfte die Académie vom Heldenmut und der Geistesgegenwärtigkeit des Kindes hören, dessen Behandlung ich vergangenen Dienstag begonnen habe. Es handelt sich um einen fünfzehnjährigen Hirtenjungen namens Jean-Baptiste Jupille aus Villers-Farlay im Département Jura; als sich vor seinen Augen ein gewaltiger Hund mit verdächtigen Bewegungen auf eine Gruppe von sechs seiner kleinen Gefährten stürzte, alle jünger als er, sprang er, die Peitsche in der Hand, mit einem Satz vor das Tier. Der Hund erfasste Jupille an der linken Hand. Da riss Jupille das Tier zu Boden, öffnete mit der Rechten sein Maul, um seine linke Hand zu befreien, nicht ohne dabei noch mehrfach gebissen zu werden, bevor er ihm mit dem Riemen seiner Peitsche das Maul zuband und ihn mit einem seiner Holzschuhe erschlug.«[30]

Jupille ist nicht einfach nur ein Patient: Er ist ein Held. Wird der, der den Helden behandelt, dadurch nicht noch heroischer?

Zumal auch die Entscheidung für die Tollwut nicht ganz ohne Hintergedanken fällt. Es handelt sich um eine relativ seltene Krankheit (mit höchstens 300 Fällen pro Jahr in Frankreich),[31] die aber beängstigend ist, weil tollwütige Tiere (mit entsprechend unheimlichem Verhalten) sie übertragen, und zwar vor allem Wölfe in ländlichen Gebieten, und weil die Menschen an dieser Krankheit so qualvoll sterben, als wären sie vom Teufel besessen. Damit wird die Tollwut zu einem Symbol für das noch nicht durchgehend urban organisierte Frankreich, und sie zu besiegen heißt – wieder symbolisch gesprochen –, die Gesellschaft in die Moderne zu führen, in der Ängste (die man fast mittelalterlich nennen möchte) nichts mehr zu suchen haben. Vulpian ergänzt denn auch in aller Klarheit:

> »Die Tollwut, diese furchtbare Krankheit, an der bisher alle therapeutischen Versuche gescheitert sind, hat endlich ein Gegenmittel! Monsieur Pasteur [...] hatte auf diesem Weg keinen Vorläufer denn sich selbst [...].«[32]

Die Legende, die sich natürlicherweise auf einen einzelnen Helden konzentrieren muss, nimmt Fahrt auf, und Leute wie Toussaint und Galtier müssen dem Propheten weichen. Tatsächlich wird daraus eine überaus positive Konsequenz erwachsen: die Möglichkeit, mit der Galionsfigur Pasteur eine internationale Subskription zu starten (denn alle Ereignisse gingen durch die Weltpresse), um das Institut zu gründen, das seinen Namen tragen wird, und damit der mikrobiologischen und immunologischen Forschung zu ausreichend Geldern zu verhelfen. So finanziert sich die Wissenschaft aus dreisten Lügen und erfundenen Narrativen. Daraus ergeben sich zwei Erkenntnisse.

Die erste ist sehr positiv und lautet: Wissenschaft muss sich zu verkaufen wissen. Durch Wissenschaftsvermittlung an das breite Publikum, aber auch durch Storytelling über ihre Erfolge, um das Interesse von Sponsoren zu wecken. Hier nimmt Pasteur also einen wesentlichen Spielstein der modernen wissenschaftlichen Landschaft voraus.

Die zweite, unangenehmere Erkenntnis lautet, dass alles das (zum Teil) auf Lügen und auf einer mehr als diskutablen Ethik beruht. Denn angesichts der Ergebnisse, die Pasteur vor Pouilly-le-Fort und vor Joseph Meister erzielte, war es unvernünftig, solche Experimente zu starten,[33] weshalb Roux sowie später Loir sich folgerichtig widersetzten. Pasteur war von einem Ehrgeiz und einer brennenden Leidenschaft getrieben, die ihm leicht die Flügel hätten versengen können. Dass es so nicht gekommen ist, ist ein Glücksfall für ihn und für die Wissenschaft. Doch sein irrationaler Glaube an sein Glück hätte auch seinen persönlichen Untergang und für viele seiner Patienten den Tod bedeuten können.

Ein solches Verhalten fand in der Wissenschaft durchaus Nachahmer, man denke etwa an die Corona-Pandemie: Forschern, deren Arbeiten alles andere als zuverlässig waren, gelang es, Teile der Öffentlichkeit hinter sich zu versammeln. Das kann funktionieren, und die Ereignisse gehen in die ruhmreiche Wissenschaftsgeschichte ein. Das kann aber auch schiefgehen – und dann wird deutlich, dass der Schritt von der Wissenschaft zum quasireligiösen Glauben sowohl im wissenschaftlichen Diskurs als auch in der öffentlichen Meinung manchmal sehr klein ist.

5
Und er neigt sich doch!

»Durch bloßes logisches Denken vermögen wir keinerlei Wissen über die Erfahrungswelt zu erlangen; alles Wissen über die Wirklichkeit geht von der Erfahrung aus und mündet in ihr. Rein logisch gewonnene Sätze sind mit Rücksicht auf das Reale völlig leer. Durch diese Erkenntnis und insbesondere dadurch, daß er sie der wissenschaftlichen Welt einhämmerte, ist Galilei der Vater der modernen Physik, ja, der modernen Naturwissenschaft überhaupt geworden.«[1]

Albert Einstein

Die Geschichte ist weithin bekannt: Galileo steigt auf den berühmten schiefen Turm von Pisa. Er tritt an den Balkonrand, streckt die Arme mit je einer Kugel in der Hand, eine ist schwerer als die andere. Mit präziser Geste lässt er sie gleichzeitig fallen: Wenige Sekunden danach schlagen beide Kugeln auf dem Boden ein, und zwar exakt gleichzeitig. Das beweist, dass die Fallgeschwindigkeit eines Körpers nicht von seiner Masse abhängt. Damit widerlegt das Experiment die Intuition.

Wie Einstein bemerkt, ist das Experiment ein zentrales Element der Naturwissenschaften; ohne Experimente bleibt nichts als vage philosophische Spekulation, mit der man mit großer Geste beliebig alles Mögliche beweisen kann. Die Überprüfung der Tatsachen dagegen erlaubt den Naturwissenschaften den Schritt in die Moderne.

Woher aber kennen wir das Experiment vom schiefen Turm von Pisa? Antwort: Von einem gewissen Vincenzo Viviani, Schüler und Biograph Galileis und bekannt vor allem für seinen berühmten Satz zu gleichseitigen Dreiecken. Sein Bericht lautet wie folgt:

> »Da er der Meinung war, um die Effekte der Natur untersuchen zu können, sei eine echte Kenntnis von der Natur der Bewegung unverzichtbar, […] widmete er sich damals ganz ihrer Betrachtung: Und zur großen Verblüffung aller Philosophen widerlegte er durch Experimente und solide Beweise und Überlegungen zahlreiche Schlussfolgerungen des Aristoteles zur Frage der Bewegung, die bis dahin für offenkundig und über jeden Zweifel erhaben galten; unter anderem zeigte er, dass Gegenstände aus ein und demselben Material, aber von unterschiedlichem Gewicht […] sich mit derselben Geschwindigkeit bewegen, was er mit der Vorführung wiederholter Experimente aus der Höhe des Campaniles von Pisa bewies, und das im Beisein der anderen Professoren und Philosophen und sämtlicher Studenten.«[2]

Eine kurze kulturgeschichtliche Anmerkung dazu: Das, was wir den Turm von Pisa nennen, ist eigentlich der Campanile (also ein freistehender Glockenturm ähnlich dem in Flandern verbreiteten Belfried) neben der Kathedrale von Pisa, dem Baptisterium und dem Friedhof; gemeinsam bilden diese Bauwerke die Piazza dei Miracoli.

Wenn Sie das Kapitel über Newton (Kapitel 1) gelesen haben, ahnen Sie schon, dass der Bericht eines zeitgenössischen Biographen immer mit größter Vorsicht zu genießen ist. Halten wir fest, dass Viviani diesen Text 1654 publizierte, also zwölf Jahre nach Galileis Tod und vor allem 64 Jahre nach dem berichteten Ereignis. Dazu kommt, dass er der einzige Zeitgenosse ist, der ein solches Experiment überliefert. Die anderen Schüler und Kommentatoren erwähnen es genauso wenig wie Galilei selbst. Und dabei behauptet Viviani, die gesamte Universität von Pisa sei dabei gewesen!

Das Experiment auf dem Turm von Pisa

Jenseits des Experiments an sich lautet das erklärte Ziel, Aristoteles zu widerlegen – und gleichzeitig die, die denken wie er. Aristoteles zufolge hängt nämlich die Fallgeschwindigkeit eines Körpers direkt von seiner Masse ab: Je schwerer ein Gegenstand, desto schneller fällt er. So wird Aristoteles folgender Satz zugeschrieben: »Die Eichel fällt schneller als das Eichenblatt.« In seinen Schriften taucht dieses Zitat zwar genauso wenig auf wie das Experiment vom Turm von Pisa bei Galilei, doch die Überlegungen des Aristoteles zur Bewegung gibt es tatsächlich recht gut wieder: Schwerere Gegenstände fallen schneller,[3] weil die Kraft, die sie aus ihrem Gewicht ziehen, das Medium, durch das sie fallen (zum Beispiel Luft oder Wasser),[4] leichter zerteilen kann; zudem wirkt sich auch die Form des Gegenstands direkt auf seine Beschleunigung oder Verlangsamung aus.[5]

Für die greifbare Wirklichkeit, also die Alltagswelt, in der die Luft für Reibung und damit für Widerstand beim Fallen sorgt, sind die Äußerungen des Aristoteles ziemlich zutreffend. Er formulierte eine gute Annäherung an die klassische (Newton'sche) Physik.[6] Tatsächlich wird ein Eichenblatt wegen seines geringen Gewichts und seiner Form durch den Luftwiderstand gebremst, der sich wiederum auf die Eichel sehr viel weniger stark auswirkt.

Doch natürlich sind ein Blatt und eine Eichel in Form und Gewicht viel zu unterschiedlich: Solche Extremfälle verfälschen ein wenig das Experiment (und genau deshalb hat Aristoteles den zitierten Satz ganz bestimmt nie gesagt, denn ihm wäre völlig klar gewesen, dass das ein Grenzfall ist – er war viel zu intelligent, um so leicht in die Falle zu gehen). Stattdessen müsste man, so wie es Viviani erzählt, zwei Gewichte identischer Form von ziemlich weit oben fallen lassen. Mehrere Forscher haben dieses Experiment bereits vor Galilei durchgeführt, doch nur einer berichtet, er sei dafür auf den Campanile in Pisa gestiegen. 1612, also vierzig Jahre vor Vivianis Text, kommentiert Coresio das Experiment eines Forschers, der von seinem Fenster aus Gewichte fallen ließ – ihm scheint das eine zu geringe Höhe, um daraus irgendwelche Schlussfolgerungen zu ziehen:

> »Wir aber haben [das Experiment] oben auf dem Campanile des Doms von Pisa durchgeführt [...] und damit die Aussage des Aristoteles [...] bestätigt, dass der größere von zwei Körpern aus demselben Material sich schneller bewegt als der kleinere; und im selben Ausmaß, in dem das Gewicht zunimmt, nimmt auch die Geschwindigkeit zu.«[7]

Um es einfach auszudrücken: Das Experiment am Turm von Pisa gibt Galilei unrecht! Uns kommt das absurd vor, denn eigentlich wollen wir an den Erfolg des (imaginären) Experiments von Galilei glauben. Doch es funktioniert nicht. Oder, genauer: Damit es funktioniert, muss man sich ziemlich geschickt anstellen und ziemlich schwere Gegenstände von geeigneter Form verwenden, sodass Luft und Wind auf ihren Fall praktisch keinen Einfluss haben. Nimmt man nämlich irgendwelche Gegenstände, die man gerade zur Hand hat (etwa ein Buch und eine Bowlingkugel), so gibt das Experiment Galilei unrecht und Aristoteles recht.

Coresio war ein Gegner Galileis, ganz wie etliche weitere Kollegen: der Philosophieprofessor Vincenzo de Grazia, der Rektor der Universität Arturo Pannocchieschi, der Logikprofessor Cosimo Boscaglia sowie der überschäumende Philosoph Ludovico delle Colombe. In Anspielung auf dessen Nachnamen (auf Deutsch: »Taube«) nannte Galilei das ganze Grüppchen *La lega del Pippione*, also »Taubenliga«, wobei im pisanischen Dialekt *pippione* auch »Dummkopf« bedeutet …

Übrigens hatte ein Mitarbeiter Galileis eine Anthologie mit Coresios Fehlern verfasst, in der beinahe jeder Absatz mit »Er täuscht sich« beginnt.[8] In einer angeblich von Galilei verfassten Randnotiz wird Coresios Experiment am Turm von Pisa erwähnt, und die Kritik daran endet so: »Was völlig falsch ist, wie das Experiment es zeigt.«[9]

Das Problem ist, dass ähnliche Experimente wie die von Coresio und Viviani genannten offenbar systematisch Aristoteles recht geben und vor allem Galilei widersprechen. 1641 erhält Galilei einen Brief von seinem Schüler Vincenzo Renieri,[10] in dem steht, ein Jesuit habe ein ähnliches Experiment mit einer Blei- und einer Holzkugel durchgeführt, und wieder hätten beide Gewichte den Boden nicht gleichzeitig erreicht. Renieri weiß wohl, dass das am Luftwiderstand liegt – er bemerkt auch, dass die Holzkugel nicht völlig gerade fällt, sondern vom Wind leicht abgelenkt wird. Doch wie lässt sich der Einfluss der Luft ausschalten?

Die ideale Lösung wäre es, auf den Mond zu gehen, wo es keine Atmosphäre gibt. Und tatsächlich wird der Astronaut David Scott 1971 bei der Mission Apollo 15 einen Hammer und die Feder eines Falken fallen lassen. Das Video von diesem Experiment ist im Netz leicht zu finden, und es ist tatsächlich beeindruckend, beide Gegenstände auf dem Mond mit derselben Geschwindigkeit fallen zu sehen. Galilei aber brauchte eine andere Idee.

Galileis Experiment

Da es schwer ist, einen luftleeren Raum zu bauen, ist es wohl am einfachsten, dafür zu sorgen, dass die Reibung der Luft keinen (oder fast keinen) Einfluss mehr hat. Diesmal berichtet uns Galilei selbst von seinem Experiment, und zwar in seinen *Unterredungen und mathematischen Beweisführungen zu zwei neuen Wissensgebieten* von 1638, wobei das Experiment sehr viel früher stattgefunden hat:

»Auf einem Lineal oder meinetwegen einer hölzernen Latte von etwa 12 Ellen Länge, eine halbe Elle breit und drei Fingerbreit stark, war der Länge nach in die Seite geringer Stärke eine kleine Rinne eingegraben, etwas breiter als einen Finger. Diese war sehr genau geradeaus gerichtet und war, damit sie möglichst glatt und schlüpfrig sei, innen mit einem so gut wie möglich geglätteten und polierten Stück Pergament beklebt, so dass man darin eine sehr harte, bestens gerundete und geglättete Bronzekugel herabrollen lassen konnte, nachdem man dieses Lineal durch Anheben eines seiner Enden um beliebig eine oder zwei Ellen über die Horizontale abschüssig gemacht hatte. Ließ man nun (wie gesagt) die Kugel durch den nämlichen Kanal herabrollen und notierte dabei [...] die Zeit, welche sie für den ganzen Lauf benötigte, und wiederholte man diesen Vorgang viele Male, um das Maß der Zeit sicher festzustellen, so ergab sich kein Unterschied auch nur von einem Zehntel eines Pulsschlags. Nachdem diese Vorrichtung hergestellt und genau ausgerichtet war, ließen wir die besagte Kugel nur über ein Viertel der Länge des Kanals herabrollen. Maßen wir die Zeit des Herabrollens, so ergab sich, dass diese stets genauestens die Hälfte der anderen war. Machten wir dann den Versuch mit anderen Teilstrecken, wobei wir nun die Zeit über die ganze Länge mit der Zeit über die halbe, oder mit der über zwei Drittel, oder über ¾, oder schließlich über beliebige andere Teilstrecken verglichen, so fand sich bei diesen wohl hundertmal wiederholten Versuchen stets, dass die durchlaufenden Räume sich zueinander verhielten wie die Quadrate der Zeiten, und zwar bei allen Neigungen der Ebene, d. h. des Kanals, in dem die Kugel herabrollte.«[11]

Galileis geistreiche Lösung besteht in einer schiefen Ebene, über die die Kugeln auf einer vollkommen glatten Unterlage rollen können, womit das Problem der Reibung vernachlässigbar wird. Und das Ergebnis ist das, was wir heute als Galileis Fallgesetz bezeichnen: Der Fallweg ist proportional zum Quadrat der Fallzeit. Für seine Berechnungen nutzte Galilei ein sehr präzises Verfahren:

»Was aber die Messung der Zeit betrifft, so benutzten wir einen großen Eimer voll mit Wasser, der oben befestigt war, aus dem durch ein kleines, am Boden angebrachtes Röhrchen ein feiner Wasserstrahl floss, der in einem kleinen Becher aufgefangen wurde, solange die Kugel durch den Kanal oder durch Teilstrecken davon rollte. Die so gesammelten kleinen Wassermengen wurden als dann jedes Mal mit einer Präzisionswaage gewogen, und die Unterschiede und Verhältnisse dieser Gewichte ergaben die Unterschiede und Verhältnisse der Zeiten, und zwar mit solcher Genauigkeit, dass, wie ich schon sagte, diese viele Male wiederholten Experimente niemals um ein Merkliches voneinander abwichen.«[12]

Doch wie kam Galilei aus diesem Experiment heraus zu dem nicht gerade naheliegenden Schluss, dass der Fallweg mit dem Quadrat der Falldauer zusammenhängt? Tatsächlich kam er zu diesem Schluss gar nicht aus dem Experiment, sondern er wusste es schon vorher:

»[Wir] beobachteten [auch], dass die Zeiten des Herabrollens bei verschiedenen Neigungen exakt dasjenige Verhältnis zueinander einhielten, welches wir weiter unten vom Autor bestimmt und bewiesen finden werden.«[13]

Galileis Experiment diente folglich nicht dazu, ein Ergebnis zu erbringen, sondern vielmehr, zu bestätigen, was er längst theoretisch entwickelt und bewiesen hatte, und das übrigens keineswegs als Erster. Bereits im Spätmittelalter hatten verschiedene Gelehrte[14] Schwächen in Aristoteles' Lehre benannt. Im 16. Jahrhundert konnten die Italiener Gerolamo Cardano und danach Giuseppe Moletti,[15] mit dem Galilei in Kontakt stand, dann mathematisch beweisen, dass die Geschwindigkeit eines Gegenstands im freien Fall unabhängig von seiner Masse ist. Galilei vertiefte allerdings die Schlussfolgerungen und stellte das theoretische Gerüst zu diesem Ergebnis auf, weshalb er bisweilen als Begründer der modernen Mechanik gilt. So sieht etwa Kant in diesem Ereignis eine Art Offenbarung:

»Als Galilei seine Kugeln die schiefe Fläche mit einer von ihm selbst gewählten Schwere herabrollen [...] ließ [...], so ging allen Naturforschern ein Licht auf. Sie begriffen, daß die Vernunft nur das einsieht, was sie selbst nach ihrem Entwurfe hervorbringt, daß sie mit Prinzipien ihrer Urteile nach beständigen Sätzen vorangehen und die Natur nötigen müsse auf ihre Fragen zu antworten, nicht aber sich von ihr allein gleichsam am Leitbande gängeln lassen müsse; denn sonst hängen zufällige, nach keinem vorher entworfenen Plane gemachte Beobachtungen gar nicht in einem notwendigen Gesetze zusammen [...].«[16]

Abgesehen davon, dass Kant wohlbemerkt und ganz zu Recht das Experiment mit der schiefen Ebene nennt und nicht das legendäre Experiment auf dem Turm von Pisa, ist es wichtig, mit ihm zu betonen, dass Galileis Experiment am Ende eines theoretischen Prozesses steht und den Abschluss einer mathematischen Überlegung bildet. Das praktische Experiment ist also nicht der Anfang, sondern das Ende der Forschung. Sicher integriert Galilei, wie Einstein notiert, die Wirklichkeit in seine Überlegungen, aber er lässt sie nicht zur Theorie der eigenen Offensichtlichkeit werden.

Es ist evident, dass das Blatt langsamer fällt als die Eichel; aber wer sich daranmacht, dieses Experiment in eine Theorie zu überführen, verfällt demselben (durchaus verständlichen) Fehler wie Aristoteles: Man betrachtet die Wirklichkeit und vergisst dabei, dass beim Fall zwei Parameter wirken, nämlich einerseits die Schwerkraft (die nicht vom Gewicht und nicht von der Form des Gegenstands abhängt) und andererseits der Reibungswiderstand (der sowohl von der Dichte als auch von der Form abhängt). Aristoteles' Überlegung ist alles andere als dumm – das sollte man sich klarmachen, denn allzu häufig wird Aristoteles als Feind der »echten« Naturwissenschaft dargestellt –, aber die von Galilei stellt einen Paradigmenwechsel dar: Anhand bestimmter Aspekte der Wirklichkeit können wir theoretische Modelle erstellen und davon Gesetze ableiten, die sich anschließend im Experiment überprüfen lassen. Dieses abschließende Experiment aber folgt in seinem Aufbau selbst der zuvor konstruierten Theorie.

Wenn wir zwei Kugeln unterschiedlichen Gewichts vom Turm von Pisa fallen lassen, können wir dagegen aus der aristotelischen Theorie nicht heraus. Diejenigen, die damals das Experiment durchführten, konnten also gar nicht anders, als Aristoteles zu bestätigen.

Damit vermittelt uns diese Lüge über das Experiment in Pisa ein völlig falsches Verständnis von Galileis Arbeitsweise: Man meint, mit einem Experiment, das man durchführt, »nur um zu schauen, was rauskommt«, ließe sich die Wissenschaft revolutionieren; in Wirklichkeit aber ist die Wissenschaft längst durch die Theorie revolutioniert, und das Experiment bestätigt lediglich die Realität dieser Revolution.

Nun ist sich Galilei aber bewusst, dass ein theoretischer Beweis nicht immer überzeugt, zumal ihn nicht jeder nachvollziehen kann. In diesem Fall zeigt das Experiment, dass die Theorie tatsächlich der Realität entspricht. Galilei bringt das über eine Debatte zwischen fiktiven Figuren und ihm selbst zum Ausdruck:

> »SIMPLICIO. Offen gesagt hat mir diese einfache und klare Überlegung von Herrn Sagredo [die Vorstellung eines Versuchs] besser gefallen als die für mich etwas undurchsichtigere [mathematische] Beweisführung des Autors [nämlich Galileis] [...]. Damit ich und andere, die mir ähnlich sind, das vollends einsehen, würde es mir an dieser Stelle passend erscheinen, dass Sie einige Erfahrungen beisteuern, von denen es, wie Sie sagten, viele gibt, welche in verschiedenen Fällen mit den bewiesenen Schlussfolgerungen übereinstimmen.
>
> SALVIATI. Sie erheben [...] eine sehr vernünftige Forderung, und so ist es üblicherweise in den Wissenschaften Sitte, welche auf natürliche Schlussfolgerungen mathematische Beweisführungen anwenden, wie man es bei denen findet, die sich mit der Perspektive auskennen, bei den Astronomen, den Mechanikern, den Musikern und anderen, welche ihre Prinzipien, auf die sich das gesamte nachfolgende Gebäude stützt, durch sinnliche Erfahrungen absichern.«[17]

Dabei verlangt Salviati wohlbemerkt *sensate esperienze*: Das Experiment hat so ausgeklügelt zu sein, dass es die Theorie in all ihren Feinheiten beleuchtet.

Der Turm von Pisa als rhetorisches Kunststück

Besonders amüsant an dem Turm-Experiment, das Viviani Galilei andichtet, ist, dass er das negative Experiment ihres Gegners Coresio kopiert, um es ins Positive umzukehren und so seinem eigenen Lager zuzuschreiben: Wo Coresio behauptet, das Experiment gebe Galilei unrecht, erfindet Viviani, dass Galilei seine Theorie mit genau diesem Experiment beweisen konnte!

Ein wahres rhetorisches Kunststück, über das sich auch heute noch nachzudenken lohnt; es erinnert an das Prinzip des Aikido: Man nutzt die Kraft und die Aggressivität des Gegners, um sie umzukehren und ihn selbst damit außer Gefecht zu setzen. Viviani war mit dieser Methode tatsächlich bemerkenswert erfolgreich, denn bis heute glauben wir ihm seine Geschichte …

Leider verdeckt die Legende aber einen Teil von Galileis Genialität: Durch seinen Versuchsaufbau mit einer schiefen Ebene und darauf rollenden Kugeln schuf er gewissermaßen künstlich die Bedingungen für ein Experiment im Vakuum, was auf dem Turm von Pisa nicht gegeben war (daher auch Coresios negatives Ergebnis).

Und noch eines kann der Wissenschaftshistoriker von dieser Legende ableiten, nämlich die Frage, welche Rolle die Antike in der modernen Naturwissenschaft spielt. Häufig wird eine Opposition konstruiert zwischen den Philosophen der Antike (sie gelten als Sonntagsgelehrte, eher als Philosophen denn als echte Wissenschaftler) und den Gelehrten der Renaissance, die ihren Vorgängern schlicht und einfach das Maul stopften. Doch das ist Unsinn. Obwohl der eine oder andere in den eigenen Schriften so einen Bruch heraufbeschwor (vgl. Kapitel 7 über den Mythos, im Mittelalter habe man sich die Erde als Scheibe vorgestellt) und obwohl der schlitzohrige Galilei manchmal nicht zugeben wollte, was er den Atomisten der Antike verdankte,[18] unterstrich er doch wiederholt die Bedeutung der Aristoteles-Lektüre für eine naturwissenschaftliche Grundbildung.

Nur darf man nicht die Meinung eines Autors zum Dogma erheben, bloß weil er in so hohem Ansehen steht. Aristoteles zu kritisieren heißt nicht, Aristoteles zu leugnen, sondern das Verständnis der Welt weiterzuentwickeln und die Vorstellungen der Vorgänger zu verbessern oder sogar zu revolutionieren.

Galilei selbst formuliert, welche Haltung einen Wissenschaftler kennzeichnet – und würde sich jeder daran halten, so könnte uns das noch heute in vielen Gebieten so einige Missstände ersparen:

> »[Ich verbrachte den heutigen Morgen] nicht müßig […], sondern verwendete [ihn], um noch einmal im Geiste die gestrigen Erwägungen durchzugehen. Ich zog die Gründe in Betracht, welche jede der beiden gegnerischen Parteien zu Gunsten ihres Standpunktes anführt, die aristotelische und ptolemäische einerseits [nach der die Sonne um die Erde kreist], die des Aristarch und des Kopernikus andererseits [nach der die Erde um die Sonne kreist]; wirklich, es scheint mir, wer auch sich getäuscht habe, sein Irrtum ist verzeihlich; denn dem Anscheine nach sind diese Gründe so plausibel, daß jene Männer wohl durch sie überzeugt worden sein mögen; nur müssen wir uns an die von jenen ersten bedeutenden Schriftstellern vorgebrachten Gründe halten. Da jedoch die peripatetische Ansicht [die des Aristoteles] vermöge ihres Alters zahlreiche Anhänger und Verehrer gefunden hat, die andere Ansicht hingegen nur eine ganz geringe Zahl, einmal ihrer Dunkelheit [Kompliziertheit und schwereren Verständ-

lichkeit] und sodann ihrer Neuheit wegen, so bemerkt man unter jener großen Zahl und namentlich unter den modernen Vertretern dieser Richtung manche, welche zur Aufrechterhaltung der von ihnen für wahr gehaltenen Meinungen sehr kindische, wo nicht lächerliche, Gründe aufgebracht haben.

[...] Leute diesen Schlages leiten also nicht den Schluß aus den Prämissen ab und beweisen ihn nicht durch Gründe, sondern wenden und drehen, oder besser gesagt, verdrehen die Prämissen und Gründe so lange, bis sie mit ihren schon feststehenden eingewurzelten Behauptungen stimmen.«[19]

6
Eine ganz gewöhnliche Hexe?

»Wenn ich dich sehe, muss ich dich verehren und deine Worte,
die Sternenheimat der Jungfrau sehe ich an.
Denn in den Himmel richtet sich dein Tun,
heilige Hypatia, der Worte Wohlgestalt,
unbefleckter Stern der weisen Unterweisung.«[1]

Palladas

Hypatia von Alexandria ist beim breiten Publikum sicher sehr viel weniger bekannt als die Gelehrten aus den vorigen Kapiteln. Dennoch war und ist sie ein viel eindrucksvolleres politisches Symbol. Zudem ist sie die erste Mathematikerin, von der wir zumindest spärliche Informationen über Leben und Werk besitzen. Bevor wir uns genauer damit auseinandersetzen, hier das, was von ihr erzählt wird.

Wir befinden uns im Jahr 415 n. Chr. in Alexandria, der Stadt, die in erster Linie für ihren Leuchtturm (eines der sieben Weltwunder) und ihre unermessliche Bibliothek (gleichzeitig Forschungszentrum und Bibliothek im heutigen Sinne) bekannt und damals die Hauptstadt der römischen Provinz Aegyptus ist; Verkehrssprache ist also Griechisch, doch die Einwohner besitzen das römische Bürgerrecht. Eine Frau namens Hypatia leitet die dortige neuplatonische Schule (eine Art Universität). Als weibliche Philosophin und als Heidin im inzwischen christlichen Römischen Reich wird Hypatia mit dem Segen des alexandrinischen Bischofs Kyrill von fanatischen Christen brutal ermordet.

Hypatia wird zum Symbol; und sehr schnell zu einem negativ besetzten. Im 7. Jahrhundert zeichnet Bischof Johannes von Nikiu sie als eine Art Hexe, die der christliche Glaube zu Recht bekämpfte:

»In jenen Tagen lebte in Alexandria eine heidnische Philosophin namens Hypatia, die sich ständig mit Zauberei, Astrolabien und Musikinstrumenten beschäftigte und mit ihren satanischen Listen viele Menschen verführte. Der Präfekt der Stadt verehrte sie überaus, denn sie hatte ihn mit ihrer Zauberei betört: Er hörte auf, in die Kirche zu gehen, wie es seine Gewohnheit gewesen war; lediglich in Bedrängnis ging er einmal dorthin. Und er tat das nicht nur selbst, sondern er zog viele Gläubige zu ihr und empfing selbst Ungläubige in seinem Hause.«[2]

Dann erzählt Johannes von Nikiu von den zunehmenden Spannungen mit den Juden und Hypatias heidnischen Freunden, die den Christen eine Falle stellen (sie behaupten, eine Kirche würde brennen, und massakrieren die Gläubigen, die zum Löschen herbeieilen). Die Rache folgt auf dem Fuße: Zunächst macht man aus den Synagogen Kirchen und jagt anschließend die Juden aus der Stadt.

»Dann versammelte sich eine Menge Gottesgläubiger unter der Führung des Beamten Petros – eines vollkommenen Dieners Jesu Christi – und suchte nach dieser heidnischen Frau, die durch ihre Zauberei die Einwohner der Stadt und den Präfekten verführt hatte. Und als sie herausfanden, wo sie sich aufhielt, gingen die Gläubigen zu ihr und fanden sie auf einem erhabenen Stuhl sitzend. Sie holten sie herunter und brachten sie in die große Kirche Kaisarion. Das geschah alles in der Fastenzeit. Sie zogen sie nackt aus und schleiften sie durch die Straßen der Stadt zu Tode; dann brachten sie sie an

> einen Ort namens Kinaron und verbrannten ihren Leichnam. Und das ganze Volk umringte den Patriarchen Kyrill und nannte ihn den ›neuen Theophilos‹, weil er die Stadt von den letzten Resten der Götzenanbetung befreit hatte.«[3]

Damit wird Hypatia eine »ganz gewöhnliche Hexe«, um den Titel eines Chansons der feministische Liedermacherin Anne Sylvestre aufzunehmen *(Une sorcière comme les autres)*. Denn eine Frau, die ihre Rolle als Hausfrau überschreitet, und vor allem eine, die sich für halbwegs wissenschaftliche Themen interessiert, gilt sofort nicht etwa als Wissenschaftlerin, sondern als Hexe. So wird Hypatia, die Heidin, als Gefahr beschrieben, denn sie praktiziert Hexerei, sie verführt die Männer (der klassische misogyne Blick), und sie bringt Christen von ihrem Glauben ab. Bischof Kyrill dagegen – der Verantwortliche für Hypatias Tod und die Verfolgung der Juden – wird später kanonisiert (ist also heilig für Orthodoxe und Katholiken) und in den Rang eines Kirchenvaters und Kirchenlehrers erhoben.

Die wahre Geschichte (und die Legende)

Der Bericht bei Johannes von Nikiu ist nicht die älteste Beschreibung von Hypatias Tod. Sokrates Scholastikos, ein Zeitgenosse Hypatias, schrieb seine Kirchengeschichte um 440, also kaum 25 Jahre nach dem Ereignis. Hier seine sehr viel verlässlichere Schilderung:

> »Es gab in Alexandreia eine Frau mit Namen Hypatia; sie war die Tochter des Philosophen Theon und war in ihrer Bildung so weit fortgeschritten, dass sie die Philosophen ihrer Zeit übertraf, die sich von Plotin herleitende platonische Schule übernahm und alle philosophischen Lehrgegenstände denen,

die dies wollten, erklärte; deswegen strömten auch diejenigen, die Philosophie studieren wollten, von überall her bei ihr zusammen. Weil ihr aufgrund ihrer Bildung eine würdevolle freimütige Rede zu eigen war, verkehrte sie mit beherrschter Zurückhaltung auch direkt mit den führenden Amtsträgern, und ihre Anwesenheit mitten unter Männern hatte nichts Anstößiges; denn aufgrund ihrer außerordentlichen Selbstbeherrschung respektierten sie alle noch mehr und waren von ihr beeindruckt.

Gegen sie nun legte der Neid damals Waffen an; denn da sie häufiger mit Orestes [dem Präfekten in Alexandria] zusammen war, führte dies beim Kirchenvolk zu der verleumderischen Beschuldigung gegen sie, dass sie es sei, die den Orestes keine freundschaftlichen Beziehungen mit dem Bischof entwickeln lasse. Und so verschworen sich einige Männer mit erhitztem Gemüt, deren Anführer ein Lektor namens Petros war, und lauerten der Frau auf, als sie von irgendwoher nach Hause zurückkehrte; sie stießen sie aus ihrer Sänfte, schleiften sie zu der Kirche, die den Namen Kaisarion trägt, zogen ihr die Kleider aus und töteten sie mit Tonscherben; und nachdem sie sie in Stücke gerissen hatten, brachten sie ihre Glieder zum sogenannten Kinaron und verbrannten sie dort.

Dieses Geschehnis trug Kyrillos und der Kirche von Alexandreia keinen geringen Tadel ein; denn ganz und gar unvereinbar mit ihrem Glauben sind für Anhänger der Lehren Christi Morde und Schlachten und ähnliche Dinge wie diese.«[4]

Diese Version ist nicht nur deswegen zuverlässiger, weil sie aus der Hand eines Zeitgenossen stammt, sondern vor allem, weil sie von einem Christen verfasst wurde, der die Kirche nicht in Schutz nimmt; und das wiederum spricht dafür, dass der Autor nichts zu verbergen versucht.

Halten wir fest, dass Orestes sich zum Christentum bekannte, nachdem die Fundamentalisten in Kyrills Lager ihm vorgeworfen hatten, er sei Heide. Der Konflikt zwischen den beiden Männern ist also nicht vollständig religiös begründet. Hinzu kommt, dass Kyrill ganz offensichtlich erhebliche politische Ambitionen hatte; im Grunde handelt es sich um eine Vorwegnahme des mittelalterlichen Konflikts, in dem sich die beiden Lager dauerhaft gegenüberstehen sollten:[5] die geistliche Macht (hier vertreten durch Bischof Kyrill) einerseits und die weltliche Macht (vertreten durch den Präfekten Orestes als Abgesandten des Römischen Reichs) andererseits.

Hypatias Stellung ist also die einer Heidin, die Christen gegenüber offensichtlich tolerant ist und sie als Schüler akzeptiert, die mit dem Präfekten befreundet ist und wahrscheinlich nicht möchte, dass Kyrills Macht zunimmt, weil er ihrer Lehr- und Forschungstätigkeit möglicherweise gefährlich werden könnte. Ihre von Kyrills langer Hand gesteuerte Ermordung – er macht sich nicht die Hände schmutzig, lässt aber gerne zu, dass seine Anhänger sie lynchen – ist also in erster Linie politisch motiviert. Dennoch ist denkbar, dass Kyrill die frauenfeindliche Karte zog, ja sogar den Gedanken ins Spiel brachte, eine gelehrte Frau müsse zwangsläufig der Hexerei verfallen sein, um seine Truppen aus fundamentalistischen Draufgängern anzufeuern. Trotzdem hat er für seine Bestrebungen, sie aus dem Weg zu schaffen, im Grunde politische Motive. In der Welt der Männer sind Frauen willkommene Kollateralschäden.

Dennoch sorgen die Ereignisse für Unruhe. Sokrates Scholastikos, wie gesagt ein christlicher Kirchengeschichtler, verurteilt den Mord entschieden. Wird die Tötung, wie bei Johannes von Nikiu, unter Verzerrung der historischen Tatsachen mit der Behauptung gerechtfertigt, Hypatia sei eine Hexe gewesen und damit eine Gefahr für die Kirche, so kann das auch nicht recht überzeugen, und die Institution bleibt befleckt. Wir haben es bereits bei Galilei und Viviani gesehen (vgl. Kapitel 5): Ein Makel lässt sich am einfachsten dadurch verbergen, dass man ihn vergrößert und gleichzeitig im eigenen Sinne umdeutet.

So kommt im Mittelalter eine Geschichte auf, die später in die *Legenda aurea* des Jacobus de Voragine (um 1265) und damit in den Kanon eingeht: die der heiligen Katharina von Alexandrien, einer Jungfrau von unglaublicher Schönheit und großer Gelehrsamkeit. Natürlich soll diese Katharina, deren historische Existenz äußerst zweifelhaft ist,[6] zahlreiche Philosophen konvertiert haben, bevor sie vonseiten der sündigen Heiden das Martyrium erlitt. Damit finden sich alle Aspekte der (wahren) Geschichte der Hypatia gespiegelt wieder (die Stadt Alexandria, die gelehrte Frau, das Massaker)[7] – und die Geschichte der misslichen Ereignisse ist nahezu ausgelöscht.

Viele Facetten eines Symbols

Jahrhundertelang ist Hypatia also vergessen, bevor sie 1720 der irische Philosoph John Toland hervorholt, und zwar in einem antikatholischen Werk namens *Hypatia* mit dem Untertitel »Geschichte der anmutigsten, tugendhaftesten, gebildetsten und allenthalben vollkommensten Dame, die vom Klerus von Alexandria in Stücke gerissen wurde, um den Stolz, den Eifer und die Grausamkeit ihres Erzbischofs zu befriedigen, des gemeinhin, aber unverdientermaßen so genannten heiligen Kyrill«. Dieses Pamphlet wiederum ruft den Polemiker Thomas Lewis auf den Plan, der seinerseits eine Schrift verfasst, in der er Kyrill verteidigt und Hypatia belastet.

Damit wird ihr Gedächtnis zum umstrittenen Gegenstand öffentlicher Diskussionen und in der Aufklärung zu einer Gelegenheit, die Kirche zu diskreditieren. Voltaire etwa schreibt:

»Kann es etwas Abscheulicheres und Niederträchtigeres geben als das, was die Priester des Bischofs Kyrill getan haben, den die Christen den heiligen Kyrill nennen? In Alexandria lebte eine wegen ihrer Schönheit und ihrer Klugheit berühmte junge Dame; ihr Name war Hypatia. Sie wurde von dem Philosophen Theon, ihrem Vater, erzogen und hatte im Jahre 415 dessen Lehrstuhl inne. Ob ihrer Gelehrsamkeit wurde sie ebenso bewundert wie ihrer Sittsamkeit wegen verehrt; doch war sie eine Heidin. Die tonsurierten Bulldoggen von Kyrill und eine Schar von Fanatikern überfielen Hypatia auf der Straße, als sie von ihren Vorlesungen zurückkam, schleiften sie bei den Haaren, steinigten sie und verbrannten sie, ohne daß der heilige Kyrill ihnen auch nur den leisesten Verweis erteilte.«[8]

Hypatia wird zum Symbol des Kampfes gegen den Dogmatismus und zum Symbol dieses dekadenten Römischen Reichs, das wegen des Christentums untergehen musste.[9] Eine weitere Entwicklung erfährt ihr Bild in der Romantik, die sie zur gelehrten Jungfrau stilisiert.[10] Weiter wird sie zum Symbol des Feminismus, insbesondere bei Dora Russell, die sie 1925 in *Hypatia or Woman and Knowledge* beschreibt als »Universitätsgelehrte, die von kirchlichen Würdenträgern denunziert und von Christen in Stücke gerissen wurde«[11], und in zahlreichen Zeitschriften, etwa *Hypatia: A Journal of Feminist Philosophy* (1983) und *Hypatia: Feminist Studies* (1984). 2009 greift der Film *Agora* von Alejandro Amenábar beinahe alle diese Symbole auf, ergänzt aber – was trotz der manchmal romantisierenden Aspekte und der historischen Fehler im Film für ihn spricht – die Tatsache, dass Hypatia auch Mathematikerin war.

Hypatias mathematisches Werk ist schwer zu fassen

Hypatia war im zeitgenössischen Wortgebrauch eine »Philosophin«, das heißt gleichzeitig Philosophin im modernen Sinne als auch Mathematikerin und Lehrerin.

Einem erhaltenen Briefwechsel zwischen Hypatia und dem Philosophen Synesios von Kyrene ist zu entnehmen, dass sie Philosophie lehrte (Platon, Aristoteles, Neoplatonismus) sowie Astronomie, Mechanik und Mathematik.[12] Werke sind von ihr nur aus der Mathematik überliefert, was wohl darauf hindeutet, dass sie *in erster Linie* Mathematikerin war.

Das Problem ist aber, dass ihre Werke, wie damals sehr häufig, Kommentare zu älteren Werken sind. Die bis heute erhaltenen Handschriften aber wurden im Lauf der Jahrhunderte so oft kopiert, dass sie häufig regelrechte Collagen des ursprünglichen Werks und der späteren Kommentare sind. Nicht immer lässt sich Hypatias Kommentar vom kommentierten Text unterscheiden, zumal der Begriff »Kommentar« nicht als »Paraphrase« verstanden werden darf: Vielmehr ging es darum, das Original zu vertiefen, zu korrigieren und zu erweitern.

So ist zum Beispiel die *Arithmetik* des Diophantos von Alexandria in ihrer erhaltenen Form vielleicht zum Teil oder auch vollständig von Hypatia redigiert worden. Anders gesagt, wenn wir denken, wir lesen Diophantos' *Arithmetik*, lesen wir tatsächlich vielleicht Hypatias Kommentar dazu, angereichert mit allen Ausführungen und Vertiefungen aus ihrer Hand. Genauer gesagt enthält wohl die Abhandlung des Diophantos in der erhaltenen arabischen Übersetzung zumindest teilweise die Kommentare der Hypatia, während der griechische Text (der im Unterschied zum arabischen Text nur in Fragmenten überliefert ist) wohl näher am Original des Diophantos bleibt.[13] Somit könnten sich die Ergänzungen aus Hypatias Feder abschätzen lassen. Gesichert ist jedenfalls, dass Hypatias Kommentar zu ihrer Zeit sehr berühmt war und als maßgebend galt.[14]

In der Geometrie verfasste Hypatia einen Kommentar zu den *Kegelschnitten* des Apollonios von Perge sowie zu Buch 3 des *Almagest* von Ptolemäus. Bei Letzterem fällt insbesondere auf, dass für eine Methode (zur Sexagesimaldivision) in Buch 1 eine bestimmte Vorgehensweise empfohlen wird, in Buch 3 aber eine andere – und ebendieses Buch wurde von Hypatia kommentiert. Nun findet sich diese zweite Methode aber auch in den Büchern 4 und 5: Heißt das, dass sie auch diese beiden Bücher bearbeitet hat?[15] Bei so lückenhafter Quellenlage ist es schwierig, sich hier festzulegen, ganz beiseitelassen sollte man die Frage aber nicht.

Abgesehen davon verweist der genannte Briefwechsel mit Synesios auch darauf, dass Hypatia um 400 ein Astrolab baute (ein Instrument zur Beobachtung und Lageberechnung von Gestirnen) und 402 ein Hydroskop (ein Instrument zur Bestimmung der Dichte von Flüssigkeiten).[16] Insgesamt ist die Existenz von Hypatias Werk also gesichert (sie wird von zahlreichen zeitgenössischen Quellen zitiert), allerdings ist es schwierig, ihm klare Konturen zu geben.

Ähnlich wie in dem oben zitierten Gedicht von Palladas, einem Zeitgenossen von Hypatia, bei dem heute nicht nur fraglich ist, ob es wirklich von ihm verfasst wurde, sondern auch, ob es wirklich von der Gelehrten aus Alexandria handelt,[17] ist die Leistung Hypatias kaum zu fassen, weil sie mit den Werken ihrer Vorgänger verschmilzt.

Ein Mythos, der das Wichtigste übersieht

Wie gesagt, ihr Tod machte Hypatia zum Mythos: Man begriff sie als Märtyrerin der Philosophie. Als Frau und als Philosophin in einer dogmatischen Welt. Dieser Mythos, der Hypatia eigentlich Wertschätzung einbringen soll, macht sie in Wirklichkeit klein, weil man darüber vergisst, dass sie in erster Linie Mathematikerin war.

Ursache dafür ist wohl eine implizite, unbeabsichtigte Frauenfeindlichkeit ihrer Verteidiger – schließlich kann man sich eine Frau sehr gut als Lehrende vorstellen; warum nicht auch als Philosophin? Sehr viel schwieriger aber als Mathematikerin und noch weniger als fähige Konstrukteurin technischer Instrumente für Astronomie und Hydrostatik. So notiert etwa Voltaire in seinem *Dictionnaire philosophique*:

> »Sie lehrte zur Zeit des Theodosius II. in Alexandria Homer und Platon. Der heilige Kyrill entfesselte gegen sie den christlichen Mob.«[18]

Hier wird sie nicht als Gelehrte dargestellt, sondern als Lehrerin, nicht als Mathematikerin, sondern als Philosophin (vergleiche Kapitel 11 mit Émilie du Châtelet, die als *femme de lettres* gilt). So wurde Hypatia gerade von ihren eigenen Verteidigern verraten, denn sie verteidigten sie nicht als vollwertige Wissenschaftlerin (die sie war), sondern als das, was in ihren Augen eine einfache Frau bestenfalls sein konnte: ein Freigeist mit unkonventionellen Vorstellungen. Deswegen erwähnte niemand je auch nur die kleinste philosophische Theorie Hypatias, obgleich sie als Philosophin geschätzt war. Deswegen verteidigte niemand Hypatias wissenschaftliche Arbeiten, obwohl sie bekannt sind.

Auch zur Jungfrau erklärte man sie, obwohl nicht eine zeitgenössische Quelle eine solche Aussage rechtfertigt. Offensichtlich war sie nie verheiratet, doch das muss nicht heißen, dass sie Jungfrau war. Im zitierten Gedicht verwendet Palladas das Wort *parthenos*, das häufig als »Jungfrau« übersetzt wird (so auch in der hier zitierten Version), vor allem aber »unverheiratete Frau« bedeutet. Man kann das vergleichen mit dem Beinamen »Mademoiselle« für Coco Chanel, der sie aber keineswegs daran hinderte, ein aktives Liebesleben zu führen. Versteht man den Begriff *parthenos* im höchst christlichen Sinne als »Jungfrau«, so besteht die Gefahr, Hypatia zu einer Art heidnischen Heiligen zu erheben und damit ihr eigentliches Wesen zu verfälschen.

Wenn wir sie künstlich zur Jungfrau machen, identifizieren wir dann nicht das Bild der Wissenschaftlerin oder der Philosophin mit dem Bild einer prinzipiell asexuellen Frau? Auch Marie Curie (siehe Kapitel 3) wurde stets im strengen, langen schwarzen Kleid abgebildet. Eine Frau, so denkt man, kann nicht gleichzeitig sexuell und intellektuell aktiv sein.

Am Ende wurde Hypatia zum leeren Symbol, zu einer, auf die man sich berufen kann, ohne auch nur zu wissen, was sie dachte. Ihr Werk geriet in Vergessenheit, im Gedächtnis blieb nur ihr Tod. Damit definiert man sie nicht über das, was sie geleistet hat, sondern darüber, was ihr angetan wurde. Eine perfide Ironie: Denn im Gedächtnis blieben weder ihre Person noch ihr Werk, sondern die Männer, die sie massakrierten.

7
Die Erde ist platt wie eine Orange

»Solcher Art waren die unerwarteten Vorurtheile, welche Columbus sich gleich im Anfange seiner Verhandlung zu bestehen hatte, und welche sicher mehr dem Kloster als der Universität gleichsehen. Seinem einfachsten Satze von der Kugelform der Erde wurden bildliche Aussprüche der Bibel entgegengesetzt.«[1]

Washington Irving

In diesem Kapitel betrifft die Lüge nicht eine Person, sondern ein Thema: die verbreitete Vorstellung nämlich, nach der man im Mittelalter dachte, die Erde sei eine Scheibe. Betroffen sind also mehrere Wissenschaftler, wenn auch in unterschiedlichem Ausmaß.

Der erste ist allerdings gar kein wirklicher Wissenschaftler: Christoph Kolumbus. Ridley Scotts Film *1492: Conquest of Paradise*, der zum 500. Jahrestag der »Entdeckung« Amerikas herauskam, beginnt damit, dass Kolumbus (Gérard Depardieu) seinem Sohn zeigt, wie am Horizont ein Schiff verschwindet, und ihm mit einer Orange in der Hand erklärt, dass die Erde eine Kugel ist. Kurz darauf steht er vor den Theologen der Universität von Salamanca, die sein Reisevorhaben missbilligen, weil es die Prinzipien der antiken Kosmologie des Ptolemäus infrage stellt.

Dieselbe historische Szene mit Kolumbus vor den Theologen ist auch die erste Darstellung auf den *Columbus Doors*, zwei massiven Bronzetoren an der Ostseite des Kapitols in Washington. Auch in der Malerei wurde dieses Ereignis dargestellt, etwa auf einem Gemälde von Emanuel Leutze im Louvre; es zeigt die Auseinandersetzung zwischen dem religiösen Dogmatismus des Mittelalters, symbolisiert durch das von der Inquisition dominierte Spanien, das einer rückwärtsgewandten Kosmologie anhängt, und der modernen Wissenschaft; für sie steht Kolumbus, der beweisen will, dass die Erde rund ist, oder der zumindest selbst davon überzeugt ist und die Kugelform der Erde nutzen möchte, um auf der Westroute nach Indien zu gelangen (also nach China, das Marco Polo 200 Jahre zuvor auf dem Landweg bereist hat).

Dabei sieht die Wirklichkeit ganz anders aus: Es war damals allgemein (das heißt bei allen Intellektuellen) bekannt, dass die Erde rund ist. Der Rat von Salamanca bestand zwar aus »Theologen«, die aber waren vor allem große Gelehrte an einer der angesehensten Universitäten ihrer Zeit. Dass diese wissenschaftliche Kommission, die im Auftrag der Königin Isabella I. von Kastilien Kolumbus' Pläne prüfen sollte, einen negativen Bescheid abgab, lag keineswegs daran, dass ihre Mitglieder die Kugelform der Erde leugnen wollten; sie waren ganz einfach der Ansicht, Kolumbus habe die zurückzulegende Strecke und damit die Machbarkeit der Reise bei Weitem unterschätzt. Die Kontroverse betraf also nicht die Gestalt der Erde (Kugel oder Scheibe), sondern ihren Durchmesser.[2] Und mit ihrer Einschätzung lagen sie absolut richtig!

Zu seinem Glück stieß Kolumbus auf Amerika, das »neue Indien«. Hätte Kolumbus tatsächlich bis nach Indien reisen müssen, so wäre er wahrscheinlich nie angekommen, denn er hätte ungefähr die doppelte Strecke zurücklegen müssen. Kolumbus' Plan war also aus berechtigten wissenschaftlichen und nicht aus theologischen Gründen gefährdet. Und dass er alles daranlegte, ihn dennoch umzusetzen, hatte wirtschaftliche und nicht wissenschaftliche Gründe.

Kopernikus und Galilei gegen die Kirche

Die besser Informierten denken heute zuweilen, die Kugelform der Erde wäre von Kopernikus oder Galilei entdeckt worden, die beiden hätten sich aber damit gegen den Widerstand der Kirche nicht durchsetzen können.

Kopernikus veröffentlichte seine Schrift *De revolutionibus orbium coelestium* im Jahr 1543, kurz vor seinem Tod. Häufig ist zu hören, der Grund für diese späte, fast schon posthume Publikation sei seine Furcht vor den kirchlichen Autoritäten gewesen. Das ist zwar teilweise richtig (wobei er als Domherr selbst Teil dieser Autoritäten war), denn er behauptete, dass die Sonne sich nicht um die Erde dreht, sondern umgekehrt. Damals fiel es selbst Wissenschaftlern schwer, eine solche These zu akzeptieren, weil dadurch die Kosmologie deutlich komplexer wurde, was bedeutete, dass man alle herkömmlichen Ansichten über den Haufen werfen und alles neu aufbauen musste. Zum Zweiten aber war sich Kopernikus völlig bewusst, dass seine Berechnungen nicht ganz fehlerfrei waren: Das lag daran, dass er von kreisförmigen Umlaufbahnen der Planeten ausging; dass sie tatsächlich elliptisch sind, bewies erst später Johannes Kepler. Kopernikus zögerte also mit der Veröffentlichung seiner Arbeiten, weil er um ihre Mängel selbst wusste.

Jedenfalls hatte er keinerlei Zweifel an der Kugelform der Erde, und mit dem Zorn der Kirche rechnete er auch nicht in dieser Sache. Auf den Index kam seine Abhandlung übrigens erst 1616, also 70 Jahre nach ihrer Veröffentlichung, in einem ganz anderen Kontext, nämlich dem von Galilei.

Der nämlich wurde tatsächlich von der Kirche verurteilt und zum Widerruf gezwungen, woran Bertolt Brecht in seinem *Leben des Galilei* zu Recht erinnert; dabei ging es aber nicht um die Frage, ob die Erde eine Kugel ist (denn das war allen klar). Der Prozess behandelte den Heliozentrismus, die Vorstellung also, dass sich die Erde um die Sonne dreht, die Galilei von Kopernikus übernommen hatte; und eben deshalb kam auch die Abhandlung des Kopernikus zu dieser Zeit auf den Index.

Trotzdem erleben wir immer wieder, wie öffentliche Personen mit großer medialer Reichweite, von deren Allgemeinbildung wir eigentlich ausgehen dürfen,[3] bis heute die Vorstellung weitertragen, Galilei habe mit seinem Postulat von der Kugelform der Erde allein auf weiter Flur gestanden und sei daher von einer irrenden Mehrheit verurteilt worden. So schrieb der Physiker Serge Galam, emeritierter Professor am französischen Forschungszentrum CNRS, im Jahr 2007:

> »Als Galilei zu dem Schluss kam, dass die Erde eine Kugel ist, vertrat die Mehrheit gegen ihn den Konsens, die Erde sei eine Scheibe. Er aber besaß einen Beweis für seine Schlussfolgerung.«[4]

Die Erde ist eine Kugel – schon lange!

In Wirklichkeit ist seit der Antike bekannt, dass die Erde eine Kugel ist. Allerdings mit einer Einschränkung: Die wissenschaftliche Gemeinschaft weiß davon; der durchschnittliche Bauer im antiken Griechenland oder im französischen Mittelalter dürfte wohl eher an die Scheibe geglaubt haben. Aber alles in allem gibt es auch heute noch viele Menschen, die dieser Überzeugung sind – und zum Glück können wir trotzdem sagen: Es ist bekannt, dass die Erde eine Kugel ist.

Alles begann im 6. Jahrhundert v. Chr., als Anaximander von Milet, Schüler und Nachfolger des Thales, den Gedanken aufbrachte, die Erde sei nicht flach, sondern zylinderförmig.[5] So bizarr diese Vorstellung zunächst wirken mag, hat sie aber den Vorteil, dass sie erklären kann, wie die Sonne in der Nacht unter der Erde vorbeizieht; die Ägypter zum Beispiel glaubten, die Sonne würde die Erde nachts in einem Boot umrunden, um im Osten aufgehen zu können, obwohl sie im Westen untergegangen ist. Dank der Zylinderform konnte die Erde weiterhin flach aussehen, ließ sich aber in einer rationaleren Kosmologie verorten. Dank dieses ersten Fortschritts konnte Parmenides die Hypothese einer kugelförmigen Erde formulieren; und offenbar war er damit der Erste.[6]

Verbreitet wurde diese Vorstellung später vor allem von Platon; eine wissenschaftliche Untermauerung liefern zwei Passagen bei Aristoteles. Die erste handelt von der Entstehung der Erde – und man staunt über die wissenschaftlich-prophetische Seite seiner Überlegung:

> »Ob also die Erde sich in ihrer Gesamtheit oder Teil für Teil von einem bestimmten Ort fortbewegt hat, so muss sie sich doch so weit bewegen, bis sie von allen Seiten gleichermaßen den Mittelpunkt umschließt, indem die kleineren Teile von den größeren durch den Schub des Impulses ausgeglichen werden. Wenn die Erde also entstanden ist, dann muss sie auf diese Weise entstanden sein, woraus deutlich folgt, dass sie in Kugelgestalt entstanden ist; [...] und ebenso auch deshalb, weil alle schweren Körper beim Fallen gleiche Winkel bilden, anstatt parallele Linien zu beschreiben. Dies ist aber die naturgemäße Art der Ortsbewegung zu einem von Natur aus kugelförmigen Körper.«[7]

Dieses zweite Argument ähnelt übrigens dem, wie Archimedes ein Jahrhundert nach Aristoteles die Kugelform der Erde rechtfertigen wird (siehe das Zitat auf S. 29). Noch überzeugender allerdings ist die zweite Passage bei Aristoteles, denn sie beruft sich auf eine noch elementarere Beobachtung:

»Ferner lässt sich [die Kugelgestalt der Erde] auch aus den wahrnehmbaren Phänomenen begründen. Andernfalls hätten die Mondfinsternisse keine solchen Trennlinien. Denn in der Tat weist der Mond bei seinen Formveränderungen im Laufe des Monats alle Arten von Teilungsformen auf [...], doch während der Finsternisse hat er stets eine gekrümmte Trennlinie, und wenn er durch das Dazwischentreten der Erde verfinstert wird, dann ist es folglich das kugelförmige Profil der Erde, welches für die Form der Trennlinie verantwortlich ist.«[8]

Diese beiden Passagen zeigen auch, dass Aristoteles und ganz allgemein die antike Wissenschaft alles andere als irrational ist und dass die Moderne (ab der Renaissance) nicht auf ihren Trümmern aufbaute, sondern sie fortsetzte. Auch Aristarchos von Samos (3. Jahrhundert v. Chr.), ein Zeitgenosse des Archimedes, zeigte kurz nach Aristoteles mit Mitteln der Geometrie, dass ein System, bei dem die Erde um die Sonne kreist, plausibler ist. Darauf verwies Kopernikus zunächst in seiner Abhandlung, allerdings tilgte er in der letzten Version seines Manuskripts den Namen Aristarchos, wahrscheinlich um sich mit den Lorbeeren als ursprünglicher Erfinder des Heliozentrismus zu schmücken.[9]

Ptolemäus wiederum übernahm im 2. Jahrhundert n. Chr. nicht das System des Aristarchos, sondern bevorzugte (aufgrund von Berechnungen) den Geozentrismus, den später die Kirche Galilei entgegenhielt; er nahm also an, die Sonne drehe sich um die Erde, wusste dabei aber natürlich auch, dass die Erde eine Kugel ist – genauso wie alle anderen griechischen und römischen Geographen, Astronomen und Intellektuellen, etwa Eratosthenes (der den Erdumfang berechnete), Plinius der Jüngere, Macrobius und viele andere. Besser noch: Dasselbe gilt auch für die großen Kirchenväter Ambrosius, Augustinus und Hieronymus.

Dass die Erde rund ist, war auch im Mittelalter bekannt

Auch im Mittelalter, das entgegen hartnäckigen Legenden alles andere als dunkel war, wusste man es. Der einfachste Beweis: die vielfachen Bildnisse Karls des Großen, auf denen er die mit dem Kreuz bekrönte Erdkugel in der Hand hält. Der Reichsapfel *(Globus cruciger)* ist in der christlichen Welt seit der Spätantike ein Machtsymbol, das die königliche oder kaiserliche Macht den Heiden entgegenhält. Doch eine (kugelförmige) Erde in der Hand oder zu Füßen des Herrschenden gibt es auch schon, bevor ein bekrönendes Kreuz hinzukommt. Das bestätigen Münzfunde aus der Zeit des Kaisers Hadrian (Anfang des 2. Jahrhunderts n. Chr.).

Auch zahlreiche mittelalterliche Handschriften bezeugen die Kugelform der Erde in Text oder Bild, insbesondere wenn sogenannte Gegenfüßler auf der einen Seite der Erde mit dem Kopf nach oben, auf der anderen Seite mit dem Kopf nach unten dargestellt sind. Um 1320 schreibt Gossuin de Metz in *L'Image du monde*:

> »Wie eine Fliege um einen runden Apfel gehen würde, so könnte auch ein Mensch um die ganze Erde gehen wie auf festem Boden und so die gesamte Runde machen, sodass er unter uns geriete und ihm schiene, wir seien unter ihm.«[10]

Diese Beschreibung illustriert der Autor mit einer Zeichnung der kugelrunden Erde, auf der oben zwei Menschen aufrecht stehen, auf der Ost- und Westseite je einer horizontal zu den ersten und zwei weitere Personen unten, symmetrisch und kopfüber zu den oberen.[11]

Zahlreiche sehr verbreitete Texte im Mittelalter enthalten ähnliche Darstellungen einer Reise um die Welt (so das *Livre des merveilles du monde* von Jean de Mandeville[12]) oder erwähnen zumindest, dass die Erde rund ist (Geoffrey Chaucer in seinen *Canterbury Tales*[13]); hinzu kommen die vielen wissenschaftlichen Texte, die das behaupten (Thomas von Aquin, Roger Bacon, Albertus Magnus etc.[14]) oder sogar beweisen (Johannes de Sacrobosco in seinem *De Sphera* um 1230).

Die Erde war also wirklich eine Kugel, wenngleich sich zu dieser These natürlich auch einige Gegner finden – wohlbemerkt sind sie aber deutlich in der Minderheit. Für das Mittelalter kennen wir besonders Isidor von Sevilla (Anfang des 7. Jahrhunderts) und vor ihm in der Spätantike Laktanz (Anfang des 4. Jahrhunderts).

Wie der Mythos vom scheibengläubigen Mittelalter entstand

Durch den Rückgriff auf ebendiesen Laktanz bildet sich der Mythos heraus. Dieser »christliche Cicero« schreibt einen ironischen Text über die von ihm als absurd empfundene Hypothese, die Erde sei eine Kugel:

> »Gibt es denn einen, der so töricht ist, dass er glaubt, es gebe Menschen, deren Fußspuren über ihren Köpfen sind; oder dass alles, was bei uns liegt, dort viel mehr hängt, dass Ackerfrüchte und Bäume dort abwärts wachsen, Regen und Schnee und Hagel dagegen von der Erde aufwärts fallen? […] Was aber brachte sie auf den Gedanken, es gebe Gegenfüßler? Sie beobachteten den Lauf der Gestirne bei ihrem Untergang und sahen, dass Sonne und Mond immer auf derselben Seite untergehen und immer von derselben Seite aufgehen. Da sie aber nicht begriffen, welcher Ordnung ihre Bahnen gehorchen und wie sie vom Okzident zum Orient gelangen, stellten sie sich vor, der Himmel selbst sei vollständig gewölbt,

> […] und sie meinten, auch die Erde sei rund wie eine Kugel. […] Ich weiß nicht, was ich über die sagen soll, die erst einmal irrten, dann aber beständig in ihrer Einfalt verharren und Falsches mit Falschem begründen; sie müssen wohl nur zum Vergnügen philosophieren und wissentlich Lügen verbreiten, als wollten sie sich an Unwahrem als besonders geistreich erweisen.«[15]

Diese Passage weckt wiederum den Spott des Kopernikus, der über Laktanz schreibt:

> »Es ist ja nur allzu bekannt, daß etwa Lactantius, ein sonst namhafter Schriftsteller, aber mit ganz wenig mathematischen Kenntnissen, einigermaßen kindlich über die Gestalt der Erde redet, wenn er sich über die lustigmacht, die behauptet haben, die Erde habe Kugelgestalt.«[16]

Mit seinem Urteil wird Kopernikus Laktanz und seinem Text einiges Gehör verschaffen. Vor allem im Lauf des 18. Jahrhunderts avanciert er zum Symbol für den Widerstand der Kirche, also des gesamten Mittelalters, gegen die Vorstellung einer kugelförmigen Erde. Auch Voltaire zum Beispiel stichelt in seinem *Dictionnaire philosophique* damit gegen die Kirche:

> »Es mutet merkwürdig an, mit welcher Verachtung, mit welchem Mitleid Laktanz all die Philosophen bedenkt, die seit vierhundert Jahren allmählich den Lauf der Sonne und der Planeten erkannten, die Kugelform der Erde, die Durchlässigkeit, den fehlenden Widerstand des Himmels, durch den die Planeten auf ihren Bahnen kreisen, usw. Er fragt, ›über welche Schritte die Philosophen zu dieser ausnehmend törichten Annahme gelangten, die Erde zu einer Kugel zu machen und diese Kugel mit dem Himmel zu umhüllen‹. […]

Und der französische Klerus erklärte bei einer feierlichen Versammlung im Jahr 1770, das heißt im 18. Jahrhundert, diesen Laktanz allen Ernstes zum Kirchenvater, obwohl sich die Schüler der Alexandrinischen Schule bereits seinerzeit über ihn lustig gemacht hätten, wenn sie sich dazu herabgelassen hätten, seine Fantastereien zu lesen.«[17]

Fahrt nimmt die Sache auf, als der amerikanische Schriftsteller Washington Irving 1828 eine (in vielerlei Hinsicht wenig seriöse) Biographie von Christoph Kolumbus veröffentlicht und darin völlig frei erfindet, die Gelehrten in Salamanca (die er als Theologen bezeichnet) hätten dem Genueser Seefahrer das Laktanz-Zitat vorgehalten. Daher also die »unerwarteten Vorurtheile« aus Irvings Roman am Beginn des Kapitels. Das Buch war übrigens ein riesiger internationaler Erfolg und trug zu der Vorstellung bei, der Wissenschaftler Kolumbus sei angetreten, um die Kirche zu widerlegen, und das Mittelalter sei eine von religiösem Dogmatismus beherrschte Zeit gewesen, in der es unmöglich war, sich die Erde als Kugel vorzustellen, weil das einigen Bibelpassagen widersprach.

Nun aber sind die Dinge klar, notiert 1874 der angloamerikanische Philosoph und Wissenschaftler John William Draper – und schreibt damit die Legende vom unwissenschaftlichen Mittelalter definitiv fest:

»Das Christentum verbrachte einen Großteil dieser langen Epoche mit Disputen über die Natur Gottes und mit Auseinandersetzungen um die kirchliche Macht. Die Autorität der Kirchenväter und der vorherrschende Glaube, die Heilige Schrift enthalte die Summe allen Wissens, verhinderte jede Erforschung der Natur. Kam zufällig einmal ein vorübergehendes Interesse für irgendeine astronomische Frage auf, so wurde es umgehend mit einem Verweis auf Autoritäten wie

Augustinus oder Laktanz erstickt und nicht etwa durch die Berufung auf die Phänomene des Himmels. So sehr wurde das theologische dem profanen Wissen vorgezogen, dass das Christentum in den 1500 Jahren seiner Existenz keinen einzigen Astronomen hervorgebracht hatte. [...] Diese Gleichgültigkeit dauerte bis kurz vor Ende des 15. Jahrhunderts. Auch dann gab es noch keinerlei rein wissenschaftliches Interesse. Die Gründe, sich mit dem Thema zu beschäftigen, waren völlig andere. Sie wurzelten in ökonomischer Rivalität, sodass schließlich drei Seefahrer die Frage nach der Form der Erde klärten: Kolumbus, da Gama und vor allem Ferdinand Magellan.«[18]

Die drei Seefahrer, besonders Kolumbus, der »Entdecker« Amerikas, und der Weltumsegler Magellan, die mit ihren Reisen zeigten, dass die Erde rund ist, waren demnach die größten Naturwissenschaftler seit Ptolemäus. Das war der Todesstoß für das Mittelalter, das bis heute – unverdient – in so schlechtem Ruf steht.

Der tiefere Sinn des Mythos

Trotz der Bemühungen der Historiker, mit diesem Vorurteil aufzuräumen, ist der Mythos weithin und manchmal sogar bei Gelehrten noch immer sehr präsent. Das liegt daran, dass er unsere Auffassung von Wissenschaft und Wissenschaftsgeschichte, die wir als Zivilisationsgeschichte verstehen, recht gut wiedergibt.

In Bezug auf die Wissenschaft illustriert der Mythos von Christoph Kolumbus, der sich gegen den religiösen Dogmatismus stellt, natürlich den Konflikt zwischen Wissenschaft und Religion. Auf einer zweiten Ebene offenbart er aber unseren Begriff von den Naturwissenschaften, demzufolge sich naturwissenschaftliche Erkenntnisse ausschließlich empirisch nachweisen lassen. Auf unseren Fall bezogen bedeutet das, dass sich die Kugelgestalt der Erde nur beweisen lässt, indem man sie physisch bereist (was wie gesagt nicht Kolumbus tat, sondern Magellan). Tatsächlich aber braucht man weder unbedingt um die Welt zu reisen noch sie aus dem Weltall zu sehen, um sicher sagen zu können, dass sie eine Kugel ist. Auch daran, dass die Erde sich um die Sonne dreht, kann dank der geometrischen Berechnungen des Aristarchos und vor allem des Kopernikus kein Zweifel bestehen. Natürlich ist eine Bestätigung der Theorie durch das Experiment immer befriedigend und vielleicht vor allem in emotionaler sowie ästhetischer Hinsicht ein Genuss. Doch wie schon bei Galileis Versuchen mit der schiefen Ebene (siehe Kapitel 5) ist das Experiment nur die Bestätigung einer Gewissheit.

Vor allem aber müssen wir unbedingt begreifen, dass Dinge völlig zweifelsfrei beweisbar sind, auch wenn uns die Mittel zur Überprüfung nicht unbedingt zur Verfügung stehen. Besonders in der Rückschau fällt uns das manchmal schwer. Das trifft auch auf die Kugelform der Erde und ihre Drehung zu. Aber eben darin liegt die große Macht der Naturwissenschaft: Sie kann Phänomene durchdringen, die wir nicht immer mit Händen greifen können.

Nun zur Wissenschaftsgeschichte: Wir sehen die Moderne (also den Austritt aus dem Mittelalter) gerne als drastischen Bruch nicht nur mit dem direkt vorausgehenden Zeitalter, sondern auch mit der Antike (während wir bei den Geisteswissenschaften, also in der Kunst, der Philosophie usw., den Bruch mit dem Mittelalter gerade in der Wiederentdeckung der Antike sehen). Diese Abgrenzung betrieben teilweise die Gelehrten des 16. und 17. Jahrhunderts selbst, zum Beispiel Kopernikus und Galilei, die zwar aus den Vorstellungen der Antike schöpften, manchmal aber versuchten, sich die wichtigsten Erkenntnisse selbst zuzuschreiben. Auf einen definitiven Bruch zielte man aber vor allem im 18. und 19. Jahrhundert. Treibende Kraft dafür, ob bewusst oder unbewusst, war offenbar der Wunsch, zu zeigen, dass die moderne Wissenschaft zivilisatorischen Fortschritt mit sich bringt. Ptolemäus und Aristoteles werden also in dieselbe Schublade gesteckt (obwohl sie im Abstand von fast 500 Jahren lebten) und das Mittelalter ausgelöscht, da sie als überholt gelten – so in Kurzform die Vorstellungen, die dieser teleologische Blick auf die Wissenschaftsgeschichte hervorbringt.

Umgekehrt kann man über die großen Leistungen der Vergangenheit nur staunen, fragt man sich doch, ob wir zu so etwas heute überhaupt noch in der Lage wären. Mit unseren modernen Mitteln ja; aber wie würden wir ohne sie die ägyptischen Pyramiden bauen oder die Nazca-Linien ziehen? Nicht wenige finden da sogar eine ganz andere Lösung plausibler und denken, es handele sich um Spuren Außerirdischer oder einer verschwundenen höheren Intelligenz. Denn wie wäre sonst zu erklären, dass einfache Menschen in so weit zurückliegenden Zeiten solche Wunderwerke erschaffen konnten?

Und auf einmal wird klar, dass wir mit dieser Form bewundernder Verachtung (wir verachten die Menschen der Vergangenheit, die wir für beinahe kindisch halten, aber wir bewundern ihre Leistungen, die geradezu unerklärlich wirken) am Ende genauso lächerlich werden, wie Laktanz es für Kopernikus war …

8
Gebrauchsanweisung für einen Tiefbegabten

»Napoleon und andere Persönlichkeiten seines Formats waren Schöpfer von Reichen. Doch es gibt eine Klasse von Menschen, die darüber hinausgehen. Sie sind nicht Schöpfer von Reichen, sondern Schöpfer von Universen. [...] Ich kann sie an den Fingern meiner Hände abzählen: Pythagoras, Ptolemäus, Aristoteles, Kopernikus, Kepler, Galilei, Newton, Einstein. [...] Ich habe sie Schöpfer von Universen genannt, aber manche von ihnen führten nur Ausbesserungsarbeiten durch. Nur drei haben wirklich Universen erschaffen. Ptolemäus erschuf eines, das vierzehn Jahrhunderte hielt. Newton eines, das drei Jahrhunderte hielt. Einstein eines, von dem ich noch nicht sagen kann, wie lange es halten wird.«[1]

George Bernard Shaw

Wenn ein Nobelpreisträger einem anderen Nobelpreisträger begegnet, worüber reden sie dann? Sie machen einander hübsche Komplimente! 1930 bei einem Galadinner in London wandte sich der vielseitige irische Schriftsteller George Bernard Shaw, Träger des Literaturnobelpreises 1925, an Albert Einstein, Träger des Physiknobelpreises 1921, vor allem aber Inbegriff des absoluten naturwissenschaftlichen Genies. Ihn bezeichnete er als den dritten (und bislang letzten) Schöpfer eines Universums nach Ptolemäus und Newton. Eine lebende Legende.

Dabei weiß jeder, dass dieser Weg Einstein nicht in die Wiege gelegt war: Als Kind war er nahezu autistisch, lernte erst sehr spät sprechen, war dann ein schlechter Schüler, vor allem in Mathematik, weshalb er am Zürcher Polytechnikum scheiterte und als einfacher Beamter im Patentamt Dienst tat. Dennoch entwickelte er die Relativitätstheorie und trug damit entscheidend zum Bau der Atombombe bei. Jeder, der sich für Wissenschaftsgeschichte interessiert, weiß allerdings auch, dass den Großteil seiner Artikel seine Frau Mileva Marić schrieb, die eine sehr viel bessere Mathematikerin war als er und den Nobelpreis eigentlich verdient hätte.

Einsteins Spracherwerb

Beginnen wir am Anfang: mit den Verwirrungen des Zöglings Einstein,[2] und da zunächst mit dem Spracherwerb.[3] Einstein selbst erzählt:

> »Es ist wahr, daß meine Eltern besorgt waren, weil ich verhältnismäßig spät zu sprechen begann, so daß sie deshalb den Arzt konsultierten. Wie alt ich damals war, kann ich nicht sagen, sicher nicht unter 3.«[4]

Diverse Quellen, die direkt auf Einstein zurückgehen, bestätigen diesen Umstand,[5] der natürlich von Linguisten intensiv untersucht wurde[6] und vielen Eltern als Hoffnungsschimmer dient: Wenn mein Kind in seiner Entwicklung etwas verlangsamt scheint, ist es womöglich ein künftiger Einstein.

Das Problem ist nur, dass sich genauso viele sehr direkte Quellen finden, die diese Erzählung praktisch widerlegen. So berichtet etwa Ernst Gabor Straus, Einsteins früherer Assistent:

> »Nach einer von Einsteins eigenen frühen Kindheitserinnerungen ›war er zwischen zwei und drei Jahren alt, als er in ganzen Sätzen zu sprechen versuchte. Er probierte jeden Satz

zunächst aus, indem er ihn leise vor sich hin sagte. Wenn er richtig erschien, sprach er ihn dann laut nach.‹«[7]

Auch Einsteins jüngere Schwester Maja erzählt zu diesem Thema Widersprüchliches: einerseits, dass ihre Eltern angesichts seiner Schwierigkeiten dachten, er würde nie sprechen lernen; und andererseits:

> »Als dem 2½jährigen die Ankunft eines Schwesterleins [Maja selbst] angekündigt wurde, mit dem er spielen könne, dachte er an eine Art Spielzeug, denn beim Anblick dieses neuen Wesens fragte er ganz enttäuscht: Ja, aber wo hat es denn seine Rädchen?«[8]

Das heißt, dem vertrauten Mythos vom kleinen Albert, der nicht sprechen kann, widersprechen genau die, die diese Legende selbst in die Welt setzten. Doch wenn man weiß, dass Alberts Mutter schon bei seiner Geburt besorgt war, weil sein Schädel ihr unüblich groß vorkam,[9] und wenn man sich außerdem klarmacht, dass die Erwartungen an Jungen, zumal an einen Erstgeborenen von eventuell mehreren Geschwistern, extrem hoch sind (man bedenke etwa, dass heute vier Fünftel der für hochbegabt gehaltenen Kinder Jungen sind …),[10] dann ist es durchaus denkbar, dass die Erzählung von den Schwierigkeiten beim Spracherwerb in der Familie überspitzt wurde; und die Bedenken rund um die Ansprüche an einen erstgeborenen Sohn hat Albert sich wohl irgendwann nachträglich selbst zu eigen gemacht, gleichzeitig aber auch mit Hinweisen darauf versehen, dass es sich tatsächlich um eine Legende handelt.[11]

Der schlechte Schüler

Dem Mythos zufolge war Einstein ein sehr mittelmäßiger Schüler, besonders in Mathematik. Auch diese Geschichte verbreitete zumindest teilweise offenbar Einstein selbst.[12] Seine Schwester deutet an, wo möglicherweise die Gründe für diese Legende liegen:

> »Der sicher u. gründlich denkende Junge galt nur als mittelmässig begabt, gerade weil er zum Überlegen Zeit brauchte u. auf die vom Lehrer gewünschte sofortige Reflexantwort etwas warten liess.«[13]

Bekanntermaßen wurde damals (und leider häufig bis heute) in der Rechenstunde viel auswendig gelernt, was dem jungen Albert gar nicht gefiel:

> »Die Lehrer in der Elementarschule kamen mir wie Feldwebel vor und die Lehrer im Gymnasium wie Leutnants.«[14]

Dennoch war er von jüngstem Alter an ein hervorragender Schüler, wie es (neben vielen anderen Quellen) dieser Brief seiner Mutter über den Siebenjährigen bezeugt:

> »Gestern bekam Albert seine Noten, er wurde wieder der Erste, er bekam ein glänzendes Zeugnis ...«[15]

Wohlbemerkt sagt sie »wieder«. Sehr gute Noten waren also der Normalfall. Und das änderte sich auch im Lauf der Jahre nicht: Im Gymnasium war Albert nach eigenem Bekunden Klassenbester in Mathematik, Physik und Philosophie.[16]

Richtig ist dagegen, dass er die Aufnahmeprüfung zum Zürcher Polytechnikum nicht bestand. Was die Legende aber zu erwähnen vergisst, ist, dass er zu diesem Zeitpunkt erst sechzehn Jahre alt und damit einer der jüngsten Teilnehmer war. Sein Studium begann er daraufhin im Folgejahr. Die Legende vom schlechten Schüler, der in der Aufnahmeprüfung durchfällt, ist also von Grund auf falsch: Er war ein so hervorragender Schüler, dass er sich zu früh um die Aufnahme bemühte, und bei seinem Eintritt ins Polytechnikum ein Jahr später war er immer noch jünger als die meisten anderen Studenten.

Wenn Einstein selbst schreibt, er habe in seiner Zeit am Polytechnikum die Mathematik vernachlässigt,[17] macht ihn das noch lange nicht zum Dummkopf: Er arbeitete weniger als für andere Fächer, für die er mehr Begeisterung empfand, aber seine Leistungen waren dennoch die eines sehr guten Studenten (zu seinen Mathematiknoten unten mehr). Im Laufe seiner Karriere sollte ihm übrigens klar werden, dass vertiefte mathematische Kenntnisse ihm bei seiner Arbeit von Nutzen wären, weshalb er sich ernsthafter damit auseinandersetzte und schließlich ein hervorragendes Niveau erreichte.

Richtig ist dagegen auch, dass Einstein zwar ein sehr guter Schüler, aber kein braver Musterschüler war. Er begehrte immer wieder auf und bekam daher schon als Jugendlicher Schwierigkeiten, aber auch später am Polytechnikum, als er sich einem Professor gegenüber respektlos verhielt (er nannte ihn bei seinem Namen, Herr Weber, statt Herr Professor, wie es sich gehörte).[18]

Ein einfacher Beamter im Patentamt

Dieses Verhalten verbaute ihm den Zugang in die akademischen Kreise. Als er 1900 sein Ingenieur-Diplom in der Tasche hatte und eigentlich Assistent bei einem Professor hätte werden müssen, ergatterte er trotz zahlreicher Versuche keine Stelle. Daher übernahm er mehrere Gelegenheitsjobs (unter anderem als Aushilfslehrer) und ging dann zurück zu seinen Eltern. Einer seiner engen Freunde, Marcel Grossmann, erwähnte seinem Vater gegenüber Alberts Schwierigkeiten. Über seine Beziehungen verhalf Grossmanns Vater ihm daraufhin 1902 zu einer Anstellung im Berner Patentamt.

Doch erstens bestand diese Arbeit entgegen häufigen Annahmen nicht darin, hin und wieder einen Stempel auf ein Blatt Papier zu setzen. Es war vielmehr eine technische Arbeit, bei der es darum ging, eingesandte Patentanträge zu bewilligen oder abzulehnen. Dafür musste man nicht nur die technischen Ausführungen lesen, die manchmal absichtlich kryptisch gehalten waren, um den Leser zu täuschen, sondern auch wissen, ob Ähnliches bereits existierte. Man brauchte also höchste Kompetenz und ein sehr gutes naturwissenschaftliches Allgemeinwissen.

Zweitens hörte Einstein keineswegs auf zu forschen. Mit seinem Brotberuf finanzierte er die Arbeit an seiner Dissertation, die er 1905 einreichte, und an den Publikationen, die ihn berühmt machen sollten. Nach einigen weiteren Umwegen wurde er Dozent an der Universität Bern, dann in Zürich, arbeitete aber weiterhin im Patentamt.

Wir sind also weit entfernt von der Legende des unscheinbaren Beamten, der aus seinem verstaubten Büro heraus die Physik revolutionierte. Tatsächlich ist die Realität deutlich interessanter, weil bis heute aktuell: Die akademische Welt ist schwer zugänglich, häufig von undurchsichtigen Kungeleien durchzogen, und sie bietet keine dem eingebrachten Wissen angemessene Vergütung. Genau deshalb blieb Einstein auch noch lange beim Patentamt und kündigte erst, als er 1909 zum außerordentlichen Professor an die Universität Zürich und dann zum ordentlichen Professor an die Universität Prag berufen wurde. Beinahe zehn Jahre vergingen, bis seine akademische und finanzielle Stellung so weit gesichert war, dass er seinen Brotberuf aufgeben konnte.

Diese Irrwege in einem manchmal ungerechten und unbarmherzigen akademischen Umfeld musste Einstein absolvieren, weil er für seinen Lebensunterhalt kaum auf die Unterstützung seiner Familie rechnen konnte (die selbst finanziell schlecht dastand). Während also heutige Doktoranden häufig Nachhilfe geben oder bei McDonald's Pommes frittieren, war es Einstein gelungen, eine Arbeitsstelle zu ergattern, die für seine naturwissenschaftliche Bildung von Interesse war und ihm die Zeit ließ, seine eigene Lektüre und Forschung voranzubringen.

Dennoch breitete sich die Legende in der Öffentlichkeit schnell aus. Als Einstein 1955 starb, gab die *New York Times* sie bereits in ihren Grundzügen wieder:

> »Der Mensch steht auf dieser winzigen Erde, blickt in die Myriaden von Sternen und über die wogenden Meere und die windgeschüttelten Bäume – und staunt. Was bedeutet das alles? Wie ist es entstanden? Albert Einstein, der aufmerksamste Staunende unter uns seit 300 Jahren, ist soeben verstorben. […]
>
> Als junger, unbekannter 25-Jähriger spazierte Albert Einstein 1904 jeden Tag am späten Nachmittag mit einem Kinderwagen durch die Straßen von Bern, hielt unbeeindruckt von den Menschen um ihn herum hin und wieder inne und kritzelte ein paar mathematische Formeln in ein Heft, das er auf den Wagen seines Sohnes legte. […] So errichtete also Dr. Einstein dieses Universum in seiner Freizeit nach Beendigung der Routinearbeit als einfacher Experte im Berner Patentamt.«[19]

Es ist ein so romaneskes Bild, dass man zu gerne daran glauben möchte, zumal es uns beruhigt: Vielleicht werden auch wir in unserer eintönigen Arbeit einmal die Welt revolutionieren?

Die Atombombe

Am 1. Juli 1946 zeigt das Cover der berühmten amerikanischen Wochenzeitschrift *Time* ein Porträt von Albert Einstein. Hinter ihm erhebt sich ein Atompilz, in dem die berühmte (beinahe magische) Formel $E=mc^2$ aufscheint. Unter dem Porträt steht:

»COSMOCLAST EINSTEIN
All matter is speed and flame«

Übersetzt hieße das etwa: »Einstein, der Weltenbrecher. Alle Materie ist Geschwindigkeit und Flamme.« Albert heißt uns willkommen in einer postapokalyptischen Welt!

Der Artikel im Magazin ist immerhin präziser:

> »Albert Einstein arbeitete nicht direkt an der Atombombe. [...] Doch Einstein war in zweierlei wichtiger Hinsicht der Vater der Bombe: 1) Die US-Forschung zur Bombe startete auf seine Initiative hin; 2) erst seine Gleichung ($E=mc^2$) machte die Atombombe theoretisch möglich.«[20]

Im Vergleich zu der hartnäckigen Legende, Einstein habe die Atombombe selbst gebaut, liest sich das schon anders. Führen wir zunächst den ersten Punkt aus, indem wir den Brief wiedergeben, den Einstein am 2. August 1939 an den amerikanischen Präsidenten Franklin D. Roosevelt schrieb:

> »Sehr geehrter Herr!
> Einige mir im Manuskript vorliegende neue Arbeiten von E. Fermi und L. Szilard lassen mich annehmen, dass das Element Uran in absehbarer Zeit in eine neue wichtige Energiequelle verwandelt werden könnte. Gewisse Aspekte der

Situation scheinen die Aufmerksamkeit der Regierung und, wenn nötig, rasche Aktion zu erfordern. Ich halte es daher für meine Pflicht, Ihnen die folgenden Fakten und Vorschläge zu unterbreiten:

Im Lauf der letzten vier Monate wurde – durch die Studien von Joliot in Frankreich und von Fermi und Szilard in den Vereinigten Staaten – die Möglichkeit geschaffen, in einer grossen Uranmasse atomare Kettenreaktionen zu erzeugen, wodurch gewaltige Energiemengen und grosse Quantitäten neuer radiumähnlicher Elemente ausgelöst würden. Es scheint jetzt fast sicher, dass dies in der allernächsten Zeit gelingen wird.

Das neue Phänomen würde auch zum Bau von Bomben führen, und es ist denkbar – obwohl weniger sicher –, dass auf diesem Wege neuartige Bomben von höchster Detonationsgewalt hergestellt werden können. Eine einzige Bombe dieser Art, auf einem Schiff befördert oder in einem Hafen explodiert, könnte unter Umständen den ganzen Hafen und Teile der umliegenden Gebiete völlig vernichten. Möglicherweise würden solche Bomben infolge ihres Gewichts den Transport auf dem Luftweg ausschliessen.

Die Vereinigten Staaten verfügen nur über bescheidene Mengen schwacher Uran-Erze. Kanada und die frühere Tschechoslowakei dagegen haben gute Uran-Erze. Die beste Uranquelle ist der belgische Kongo.

Im Hinblick auf diese Situation mögen Sie es für wünschenswert erachten, dass ein ständiger Kontakt zwischen der Regierung und der Gruppe von Physikern in Amerika hergestellt wird, die an dem Zustandekommen der Kettenreaktion arbeiten. Das könnte vielleicht dadurch erreicht werden, dass Sie eine Ihr Vertrauen geniessende Person benennen, die, möglicherweise in nichtamtlicher Kapazität wirkend, folgende Aufgaben übernehmen könnte:

A) Verbindung mit Regierungsstellen, die ständig über die weiteren Entwicklungen zu informieren wären; Vorschläge von Regierungsfraktionen, wobei der Sicherung ausreichender Uranerz-Quantitäten für die Vereinigten Staaten besondere Aufmerksamkeit geschenkt werden müsste;

B) Beschleunigung der experimentellen Arbeiten, die gegenwärtig mit den beschränkten Mitteln der Universitätslaboratorien finanziert werden; falls nötig, Beschaffung zusätzlicher Fonds durch Kontakte mit Privatpersonen, die die Sache zu unterstützen gewillt sind; vielleicht auch Gewinnung der Mitarbeit industrieller Laboratorien, die über die nötigen technischen Einrichtungen verfügen.

Es wurde mir mitgeteilt, dass Deutschland den Verkauf von Uran aus den von ihm übernommenen tschechoslowakischen Bergwerken eingestellt hat. Dass diese Aktion so frühzeitig erfolgte, mag dadurch zu erklären sein, dass der Sohn des Staatssekretärs im deutschen Auswärtigen Amt von Weizsäcker mit dem Kaiser-Wilhelm-Institut in Berlin verbunden ist, wo einige der amerikanischen Uranexperimente jetzt dupliziert werden.«[21]

Einstein, der selbst deutsch-jüdischer Herkunft und seit der »Machtergreifung« Hitlers in Princeton im Exil war, schrieb diesen Brief, weil Leó Szilárd und Eugene Wigner (Träger des Physiknobelpreises 1963) ihn davon überzeugten. Anfang 1939 hatte Szilárd an der Columbia University ein Experiment durchgeführt, um die Möglichkeit einer Kettenreaktion zu beweisen. Bereits einige Wochen zuvor, im Dezember 1938, war am Berliner Kaiser-Wilhelm-Institut (das Einstein in seinem Brief erwähnt) die Kernspaltung entdeckt worden, und zwar von Otto Hahn, einem Freund Einsteins, der immer ein Gegner der Judenverfolgung gewesen war und 1944 den Nobelpreis für Chemie erhielt. Kurz danach und noch vor Szilárds Experiment zeigte Lise

Meitner, dass bei der Kernspaltung von Uran sehr große Energiemengen freigesetzt werden können.

Einstein, der wegen der großen Resonanz seiner Arbeiten zur Relativität (siehe unten) und dank seines Nobelpreises von 1921 weltberühmt war, willigte also ein, im Dienste des Friedens an Roosevelt zu schreiben. Der Brief hatte drei Verfasser (Einstein, Szilárd, Wigner), unterzeichnet wurde er aber von Einstein allein.

Dabei war die Formel $E = mc^2$ zunächst gar nicht für eine Anwendung in diesem Kontext bestimmt. Als Einstein sie 1905 aufstellte, war die Möglichkeit der Kernspaltung und der Kettenreaktion noch gar nicht entdeckt. So erklärte Einstein noch 1934 die Transformation von Materie in Energie für unrealistisch,[22] weil dazu noch keine Technik in der Lage war. Das zeigt, dass zwischen Einsteins berühmter Gleichung und der Atombombe noch ein weiter Weg lag; Einstein zum Vater der Atombombe zu erklären, käme etwa der Behauptung gleich, der Erfinder der Mühle sei der Schöpfer der Spaghetti.

Dass Einstein an der Entwicklung der Bombe mitgewirkt haben soll, ist ganz einfach erfunden. Das Manhattan Project, das in der Tat hauptsächlich deshalb lanciert wurde, weil der Brief auf Roosevelt so großen Eindruck gemacht hatte, verlief ohne die Beteiligung Einsteins. Tatsächlich war Einstein ja auch kein Kernphysiker und vertrat offen sozialistische Positionen, weswegen er bei einem für die nationale Sicherheit so wichtigen Projekt wohl kaum hätte mitwirken können.

Die Relativitätstheorie: Einstein gegen Poincaré?

Die letzte wichtige Anmerkung zu den Einstein-Mythen betrifft den Ursprung der berühmten Gleichung $E = mc^2$. Seit einem Jahrhundert wird über die Urheberschaft der Formel und sogar der Relativitätstheorie debattiert: Einstein gegen Poincaré. Ich will hier die Frage weder entscheiden noch in die technischen Details zur Bedeutung der Relativitätstheorie einsteigen, sondern lediglich herausarbeiten, wo die Lüge wohl herkam.

Zunächst einmal verfasste Einstein 1905 mehrere Publikationen von größter Bedeutung. Die erste vom März 1905 bezog sich auf die jüngsten Arbeiten von Max Planck und postulierte das Gesetz zum photoelektrischen Effekt sowie die Teilchen- und Wellennatur des Lichts; dafür und nicht etwa für die Relativitätstheorie erhielt Einstein 1921 den Nobelpreis. Ein zweiter, im Mai veröffentlichter Aufsatz behandelte die Brownsche Molekularbewegung und enthält einen theoretischen Beweis für die Existenz von Atomen und Molekülen. Die dritte Publikation, eingereicht am 30. Juni und veröffentlicht am 26. September, formulierte unter anderem die Relativitätstheorie. Insgesamt ist allein schon dieses außerordentlich fruchtbare Jahr – Einsteins *annus mirabilis* – Grund genug, ihn als herausragenden Gelehrten zu bezeichnen, egal ob man ihm nun die Urheberschaft der Relativitätstheorie zugesteht oder nicht.

Letzteres ist nämlich umstritten, und zwar aus folgenden für unser Thema relevanten Gründen.[23] Bereits 1902 verfügte Henri Poincaré über die zentralen Begriffe der Relativität, die er in seinem Buch *La Science et l'hypothèse* darlegte. Es ist bekannt, dass Einstein dieses Buch mit größter Begeisterung las.[24] Außerdem formulierte Poincaré 1904 ein Prinzip, das Einstein als Postulat seiner Theorie festhielt. Am 5. Juni 1905 schließlich, also drei Wochen vor der Einreichung von Einsteins Artikel, stellte Poincaré dieselben Berechnungen an, die auch in Einsteins Publikation auftauchen.

Es sei dahingestellt, ob Einstein Poincaré plagiierte oder nicht. Schließlich ist auch denkbar, dass beide gleichzeitig zu denselben Ergebnissen kamen, denn das Thema stand in dieser Zeit hoch im Kurs; übrigens existiert auch die Einschätzung,

Poincaré habe gar nicht recht begriffen, was er da herausgefunden hatte, im Unterschied zu Einstein, der das grandiose Potenzial erfasste und weiterentwickelte; interessant ist dagegen, dass Einstein später erklärte, er habe im Juni 1905 von bestimmten Arbeiten – darunter auch der von Poincaré – keine Kenntnis gehabt, obwohl er (wie in allen wissenschaftlichen Fachzeitschriften üblich) eine Veröffentlichung zu rezensieren hatte, die diese Arbeiten explizit erwähnte. Bemerkenswert ist außerdem, dass Einstein in seiner Veröffentlichung nirgends auf andere Arbeiten zum selben Thema verweist, obwohl davon etliche existierten und eine Auswertung des Forschungsstands eigentlich obligatorisch ist – was Einstein sehr genau wusste, schließlich hatte er selbst zahlreiche Artikel begutachtet. Es ist, als habe er zeigen wollen, dass er seine Theorie aus dem Nichts erschaffen hat, so ähnlich wie Newton mit seiner Apfelgeschichte (siehe Kapitel 1). Vielleicht befürchtete er ja, man würde ihm den Verdienst für diese Entdeckung verweigern, wenn er die Arbeiten seiner Zeitgenossen zitierte – ob das gerechtfertigt war oder nicht, ist hier unerheblich.

Der Fall Mileva Marić

Der Konflikt Einstein–Poincaré ist nicht das einzige Problem. Der Physiker Abram Joffe legte offen, dass die Originalmanuskripte der drei wichtigen Artikel von 1905 mit Einstein-Marity unterzeichnet waren. Marity oder Marić (je nach Transkription) lautete der Geburtsname von Einsteins Ehefrau Mileva. Demnach wäre sie also Einsteins Co-Autorin für diese drei Aufsätze gewesen (darunter der erste, für den er 1921 mit dem Nobelpreis ausgezeichnet wurde, und der dritte über die Relativitätstheorie).

Diese Position vertrat jedenfalls die serbische Physikerin und Mathematikerin Desanka Trbuhović-Gjurić in einem 1969 erschienenen Buch über Mileva mit dem Titel *Im Schatten Albert Einsteins.*[25] Dieses Buch setzte den Gedanken in die Welt, die betreffenden Artikel seien gemeinsam verfasst und Mileva zu Unrecht vergessen worden, eine Idee, die heute zahlreiche Artikel und Bücher weiterverfolgen.

Leider sind die Originalmanuskripte der Artikel verschollen, sodass eine grafologische Analyse oder eine Überprüfung der Unterschrift unmöglich sind. Allerdings, so Trbuhović-Gjurić, reiste Einstein unmittelbar nach der Verleihung des Nobelpreises nach Zürich und vermachte Mileva das gesamte Preisgeld: Das stelle ein klares Eingeständnis dar, dass Einstein sich einen Verdienst angeeignet hatte, der nicht seiner war. Stattdessen stamme alles aus Milevas Feder, oder zumindest habe sie die schwierigen Gleichungen gelöst, mit denen Einstein sich auseinandersetzte, denn, so Trbuhović-Gjurić, Mileva war in Mathematik während des gemeinsamen Studiums sehr viel besser als er.

Tatsächlich lernten sich Mileva und Albert am Polytechnikum kennen, wo Mileva als eine der ersten Frauen studieren konnte. Ihr hoher Intellekt steht also außer Frage. Doch brauchte Einstein wirklich in Mathematik ihre Hilfe? Warum wurden die Artikel bei der Publikation schließlich nur von Einstein unterzeichnet? Wurde Mileva um die Urheberschaft an der Quanten- und der Relativitätstheorie betrogen?

Natürlich wäre uns das sehr recht: weil wir die Frauen aus dem Schatten holen wollen, die nicht in ihrem wahren Wert gesehen wurden, und auch ganz einfach deshalb, weil es eine pikante Anekdote wäre, wie wir sie so gerne mögen. Dafür müsste sie aber erst einmal bewiesen werden.

Zunächst einmal sollten wir Joffes Text, der häufig nur ungefähr zitiert wird, exakt wiedergeben, denn die Details sind von großer Bedeutung. Er lautet:

»Für die Physik und vor allem für die Physik in meiner Generation, also Einsteins Zeitgenossen, ist der Eintritt Einsteins in die Arena der Naturwissenschaften unvergesslich. 1905 erschienen in den *Annalen der Physik* drei Artikel, die drei im 20. Jahrhundert sehr bedeutsame Zweige der Physik begründeten: die Theorie der Brownschen Molekularbewegung, die Photonentheorie des Lichts und die Relativitätstheorie. Der Autor dieser Artikel – damals ein Unbekannter – war Angestellter im Berner Patentamt, Einstein-Marity (Marity – der Mädchenname seiner Frau, der, wie in der Schweiz üblich, an den Familiennamen des Ehemanns angehängt wird).«[26]

Zunächst einmal deutet dieser Text nicht darauf hin, dass die Artikel von zwei Personen geschrieben wurden: Joffe spricht von einem Autor, der »damals ein Unbekannter« gewesen sei. Den Doppelnamen rechtfertigt er mit einem Brauch und nicht durch gemeinsame Signatur. Anders als oft angenommen, behauptet Joffe zudem nicht, er habe die Manuskripte eingesehen, was auch tatsächlich wenig wahrscheinlich wäre.[27] Hinzu kommt, dass Joffe in einem anderen Text die Urheberschaft dieser Artikel eindeutig Einstein allein zuweist. Bis hierher also ist dieses Zeugnis – das fünfzig Jahre nach den Ereignissen abgelegt wurde – kein sehr klarer Verweis auf eine gemeinsame Urheberschaft. Hätte Joffe das wirklich gemeint, hätte er diesen Gedanken deutlich vertreten können, was er aber nie tat. Zu ihrer Vermutung kam Trbuhović-Gjurić offenbar durch eine zu enthusiastische Lektüre dieses Textes.

Und doch: Mileva war Alberts Kommilitonin und älter als er; es wäre also plausibel, dass sie ihm bei möglichen Schwierigkeiten helfen konnte. Betrachtet man jedoch die Prüfungsnoten der beiden, so wird deutlich, dass Albert in Mathematik sehr viel bessere Leistungen erbrachte als sie. Im Vordiplom etwa erreichte sie einen Schnitt von 5,05 von 6, eine gute Note, die aber wegen zwei Geometrieprüfungen etwas schlechter ausgefallen war, während Albert – der nach eigenem Bekunden in Mathematik noch nicht sehr fleißig war – einen Schnitt von 5,7 von 6 erreichte und damit Jahrgangsbester wurde. Zudem hatte er sein Examen ein Jahr früher abgelegt als Mileva.[28] Bei der Diplomprüfung am Polytechnikum fiel sie übrigens durch, großenteils wegen Mathematik.

Diese Noten schmälern keinesfalls Milevas naturwissenschaftliche Kompetenz, die sie als Ingenieurin oder als Forscherin im Fach Physik qualifiziert, sprechen aber eher dagegen, dass sie dem schlechten Schüler Albert hätte helfen können. Außerdem schreibt einer der Mathematikerfreunde von Albert und Mileva, die junge Frau habe sich an den Überlegungen und Diskussionen in der Studentengruppe, zu der auch Albert gehörte, kaum beteiligt. Dort ging es aber insbesondere um die gemeinsame Lektüre von Poincaré, die Einsteins theoretische Überlegungen speiste.[29]

Es bleibt die Frage nach dem Nobel-Preisgeld.[30] Bereits 1915/16 hatte das Paar sich getrennt, einem zweiten Scheidungsantrag von Albert wurde 1918 stattgegeben. Aus mehreren Gründen waren darin Unterhaltszahlungen vorgesehen: Mileva hatte ihren Beruf aufgegeben, um sich um die Kinder zu kümmern; Albert betrog sie schon lange (drei Monate nach der Scheidung heiratete er wieder); Mileva brauchte Geld, um die Zukunft der Söhne zu sichern, von denen einer psychische Probleme hatte. Die Finanzen wurden ausführlich diskutiert, und das stets in einem komplizierten Kontext, weil der Wert der Mark gegenüber dem Schweizer Franken stark schwankte. Es kam die Idee auf, das Preisgeld eines potenziellen Nobelpreises (den er aber erst drei Jahre später erhalten sollte) in die Scheidungsvereinbarung einzubeziehen. Daher zahlte Einstein zunächst 40 000 Schweizer Franken auf ein Schweizer Treuhänderkonto ein, von dem sie die Zinsen erhielt. Nach der Verleihung des Nobelpreises, der mit 120 000 Schweizer Franken dotiert war, zahlte er weitere 80 000 ein, was mit den bereits geleisteten 40 000 Franken die Höhe des gesamten Preisgelds erreichte. Ganz eindeutig gab es also keine Verhandlungen über die Rechtfertigung oder die Zuerkennung des Nobelpreises (der zu diesem Zeitpunkt mit Marie Curie übrigens bereits zweimal an eine Frau gegangen war, siehe Kapitel 3), sondern es dürfte sich um einen rein finanziellen Vorgang gehandelt haben, mit dem Albert sich gewissermaßen von seiner familiären Schuld (gegenüber seiner Frau und seinen Kindern) freikaufte.

Dass Mileva aktiv in den Schatten gestellt wurde, kann damit wohl als Legende gelten; zumindest bringen die Vertreter dieser Geschichte kein Argument vor, das überzeugen oder auch nur Zweifel säen könnte, während die Gegenargumente sehr viel plausibler sind. Offenbar wird hier versucht, um jeden Preis und auch unter Verbiegung von Tatsachen und Zitaten Mileva in den Vordergrund zu stellen, weil man davon ausgeht, dass die Frau eines großen Wissenschaftlers zwangsläufig selbst auch eine große Wissenschaftlerin war. Das erinnert an das Mantra vieler Beobachter nach der Niederlage Hillary Clintons bei den US-Präsidentschaftswahlen 2016: »Dann muss nächstes Mal eben Michelle Obama kandidieren!« – als gäbe es in der Demokratischen Partei keine anderen Frauen als die Gattin eines ehemaligen Präsidenten.

Die Frauen bedeutender Männer besitzen sicherlich große Qualitäten, aber für die Frauen unbekannter Männer und die Frauen ohne Männer gilt das ganz genauso. Statt sich auf Mileva als Genie in Alberts Schatten zu versteifen, das sie ganz offensichtlich nicht war, sollte man eher die Frauen hervorheben, von denen man sicher weiß, dass sie große Wissenschaftlerinnen waren. Das gilt etwa für Hypatia (siehe Kapitel 6), Émilie du Châtelet (siehe Kapitel 11) und für viele andere, die zu ihrer Zeit womöglich hohes Ansehen genossen, dann aber wegen der maskulinen Geschichtsklitterung in Vergessenheit gerieten. Vor allem diesen Frauen sollten wir die verdiente Geltung verschaffen.

Denn Milevas Geschichte ist durchaus interessant, allerdings in anderer Hinsicht. Dass sie keine große Wissenschaftlerin wurde (sie hat nie veröffentlicht und nicht einmal ihr Studium abgeschlossen), war bestimmt zum Teil die Schuld Einsteins. Denn er hatte aktiv dazu beigetragen, sie an einer eigenen Karriere und einer naturwissenschaftlichen Tätigkeit zu hindern, für die sie einst so gekämpft hatte – schließlich war sie eine der wenigen Frauen am Zürcher Polytechnikum. Vielleicht hätte sie eine Marie Curie werden können, doch Einstein war ganz bestimmt kein Pierre Curie. Statt also in Mileva zu sehen, was sie nicht war (Mitautorin der Veröffentlichungen), sollten wir in ihr eher eine Frau sehen, die unter den katastrophalen und bis heute wirksamen Folgen litt, dass die Rolle einer Forscherin und Mutter,[31] einer Frau, die berufstätig ist,[32] kaum vereinbar sind. Denn bis heute halten sich hartnäckige Vorurteile, und Frauen werden diskriminiert – nicht selten brutal.

Das Los des Gelehrten: anerkannt, aber ungehört?

Es ist kein Wunder, dass Einsteins Popularität so viele Mythen entstehen ließ. In Bezug auf die Atombombe offenbart die Legende ein falsches Verständnis der Naturwissenschaften: Eine mathematische Formel aus der theoretischen Physik ist noch keine Zauberformel für die praktische Physik, die die Wirklichkeit verändern kann. Und der Mythos vom nahezu autistischen Schulversager beruhigt uns vielleicht, lässt uns aber vollständig den Menschen Albert Einstein vergessen, der quicklebendig, immer zu Späßen aufgelegt und sehr umgänglich war. Auch Themen, die von der theoretischen Physik sehr weit entfernt waren, beschäftigten ihn intensiv, etwa der Krieg und die soziale Frage:

»Die sozialen Klassenunterschiede empfand ich nicht als gerechtfertigt und letzten Endes als auf Gewalt beruhend.«[33]

»Wie ist es möglich, daß die soeben genannte Minderheit die Masse des Volkes ihren Gelüsten dienstbar machen kann, die durch einen Krieg nur zu leiden und zu verlieren hat. [...] Hier scheint die nächstliegende Antwort zu sein: Die Minderheit der jeweils Herrschenden hat vor allem die Schule, die Presse und meistens auch die religiösen Organisationen in ihrer Hand. Durch diese Mittel beherrscht und leitet sie die Gefühle der großen Masse und macht diese zu ihrem willenlosen Werkzeuge.«[34]

Bertrand Russell, ein weiterer Nobelpreisträger, merkte an, dass Wortmeldungen von Gelehrten keineswegs immer Gehör finden und nicht einmal erwünscht sind. Wahrscheinlich liegt es daran, dass man Einstein mit so vielen Mythen und Legenden umgibt und ihn zum Inbegriff des Genies stilisiert. Hier zeigt sich das grundlegende Problem des Gelehrten: Man kann ihn für nationalistische Zwecke instrumentalisieren, man kann aus ihm schöpfen als Quelle für Anekdoten und Mythen, die amüsieren und beruhigen, man kann sich zur Legitimierung des eigenen Handelns auf ihn berufen, aber gehört (und ich meine damit nicht befolgt, sondern einfach zu Zwecken der Meinungsbildung angehört) wird er nur bruchstückhaft. In diesem Sinne notierte Russell 1932:

»Die Regierungen der Welt wünschen zwar nicht aktiv den Krieg, aber sie sind genauso entschlossen wie vor 1914, jede Maßnahme zu unterbinden, die den Krieg möglicherweise verhindern könnte. Es bleibt zu hoffen, dass die gewöhnlichen Bürger, bevor es zu spät ist, den gesunden Menschenverstand erlangen, der nötig ist, um sich und ihre Kinder vor einem entsetzlichen, sinnlosen Tod zu bewahren. [...] Männer wie Einstein verbreiten offensichtliche Wahrheiten über den Krieg, aber sie werden nicht angehört. Solange Einstein unverständlich daherredet, gilt er als weise, doch sobald er etwas sagt, was die Leute verstehen können, denken wir, seine Weisheit habe ihn verlassen. In dieser Torheit nehmen die Regierungen eine führende Rolle ein. Es scheint, als wollten die Politiker ihre Länder lieber in die Zerstörung führen, als nicht der Regierung anzugehören.«[35]

9
Somewhere, over the rainbow …

»Wir haben einem Regenbogen gegenüber nicht das ehrfürchtige Gefühl, das ein Wilder hat, weil wir wissen, wie er entsteht. Wir haben ebensoviel verloren, wie wir gewannen, als wir diese Sache neugierig untersuchten.«[1]

Mark Twain

Dass der Regenbogen in Kinderliedern und auf den meisten bildlichen Darstellungen sieben Farben hat, verdanken wir Newton und vor ihm Pythagoras. Genauer gesagt: einem in der Antike geläufigen Mythos über Pythagoras und seine Wahrnehmung vom mathematischen Charakter der Musik. Der antike Pythagoras-Biograph Jamblich berichtet darüber:

> »Einst war er in angespanntem Nachdenken und Forschen begriffen, ob er für das Gehör nicht ein zuverlässiges und unfehlbares Gerät als Hilfsmittel erwähnen könne, so wie es das Sehvermögen durch den Zirkel, durch die Richtschnur oder natürlich auch durch das Feldmessgerät erlangt hatte, und der Tastsinn durch die Waage oder durch die Erfindung der Masse. Da ging er an einer Schmiede vorbei und hörte – gute Geister fügten es gerade so –, wie die Hämmer das Eisen auf dem Amboss schlugen und im Wechsel die Klänge einander in harmonischen Intervallen antworten ließen (nur ein einziges Paar ausgenommen). Er erkannte darin Oktav, Quint und Quart […]. Voll Freude darüber, dass mit eines Gottes Hilfe

sein Vorhaben in Erfüllung ging, lief er in die Schmiede und fand durch mancherlei Versuche heraus, dass der Unterschied in der Tonhöhe von der Masse des Hammers abhängt und nicht von der Gewalt des Hämmernden, von der Gestalt des Hammers oder der Lage des geschlagenen Eisens. Da stellte er das Gewicht der Hämmer aufs genaueste fest und kehrte nach Hause zurück. An einem einzigen Pflock, der schräg über die Ecke an den Wänden befestigt war [...], hängte er vier eigens hergerichtete Saiten aus gleicher Materie, aus einer gleichen Anzahl Strähnen, gleich dick und gleich gedreht, der Reihe nach auf, indem er unten jeweils ein Gewicht anband und die Saitenlängen vollkommen gleich bemaß. Darauf schlug er zwei Saiten miteinander im Wechsel an und fand die vorerwähnten Intervalle, zwischen jedem Saitenpaar ein anderes.«[2]

Zunächst einmal müssen wir festhalten, dass man unter einer Biographie damals etwas anderes verstand als heute (und als zur Zeit Galileis und Newtons, vgl. Kapitel 1 und 5): Sie hatte vor allem das geradezu mythische Beispiel des Protagonisten zu beleuchten und nicht etwa einen authentischen Lebensbericht zu liefern. Den Jüngeren sollte ein Vorbild präsentiert werden, an dem sie sich orientieren konnten, und dass es idealisiert war, war allen Beteiligten klar. Dazu kommt, dass Jamblich etwa 800 Jahre nach Pythagoras' Tod schrieb – der Text enthält also kaum Pythagoras' tatsächliches Leben, sondern vielmehr eine Legende.

Die mathematische Theorie der Musik stammt wahrscheinlich nicht von Pythagoras, sondern wurde etwas später von seinen Schülern entwickelt, und zwar von Philolaos aus Kroton (der daneben die Theorie aufstellte, die Sonne als Hort des wichtigsten Elements, nämlich des Feuers, müsse im Mittelpunkt des Universums stehen, die Erde sich also um sie drehen; diesen Gedanken übernahm Kopernikus, siehe Kapitel 7) oder von Archytas von Tarent (einem guten Freund Platons).

Schlecht erfunden

Dennoch enthält diese Legende interessanterweise einen klar naturwissenschaftlichen Gedanken, nämlich die Frage, wie sich Naturerscheinungen, hier Klang und Harmonie, messen lassen. Von Pythagoras heißt es demnach, er habe sein eigenes Messgerät gebaut, indem er Gewichte an Saiten befestigte und mit diesem Instrument einen Zusammenhang zwischen ganzen Zahlen und Tonhöhen herstellte:

> »Dabei stellte er fest, dass die vom schwersten Gewicht gespannte Saite mit der am geringsten belasteten im Verhältnis der Oktav erklang: Das eine Gewicht wog zwölf Einheiten, das andere sechs. So erwies er, dass die Oktav auf dem Verhältnis 2:1 beruht, was ja gerade auch die Gewichte erkennen ließen. Weiter ergab die gespannte Saite im Verhältnis zur zweitlockersten (die mit acht Einheiten belastet war) eine Quint.«[3]

Eine Quinte ist das Intervall zum Beispiel zwischen einem F und einem C oder zwischen C und G. Die Tonleiter in der sogenannten pythagoreischen Stimmung, die bis ins 18. Jahrhundert gebräuchlich war, beruht auf dem Quintenzirkel: Beginnt man bei einem beliebigen Ton (zum Beispiel F) und setzt darauf zwölf aufeinanderfolgende Quinten, so erreicht man sieben Oktaven höher wieder den Ausgangston.[4] Die Quinte von F ist C, dessen Quinte ist G, dessen Quinte D, dann A, E, H, Fis, Cis, Gis, Dis, Ais und wieder F. Aus diesem Grund werden die Kreuzvorzeichen hinter dem Notenschlüssel in der Reihenfolge Fis, Cis, Gis, Dis, Ais, Eis, His notiert – also genau in der Reihenfolge, in der sie im Quintenzirkel auftreten.

In der Tat besteht bei alldem ein mathematischer Zusammenhang: Aus dem Versuch des Pythagoras wird ersichtlich, dass die

Quinte einem Verhältnis von 12:8 entspricht, das man in der Regel auf 3:2 vereinfacht, und die Oktave dem Verhältnis 12:6, vereinfacht auf 2:1. Dabei kommt es uns aufs mathematische Detail hier nicht an; wesentlich ist für uns der Mythos, der sich um dieses Experiment rankt. Denn die mathematischen Beziehungen stimmen zwar, doch Pythagoras (oder einer seiner Schüler) kann sie auf diese Weise nicht festgestellt haben. Mit den bei Jamblich beschriebenen Gewichten – wir kennen viele Illustrationen, auf denen Pythagoras entsprechend (nämlich mit 6, 8, 9 und 12 Einheiten) beschwerte Saiten zum Klingen bringt – würden sich in Wirklichkeit nur Dissonanzen erzeugen lassen.

Damit die Saiten tatsächlich in der Oktave und in der Quinte (sowie, der Vollständigkeit halber, in der Quarte) klingen, müssten die Gewichte zueinander im Verhältnis 1, 4, 9 und 16 stehen. Die Frequenz einer schwingenden Saite, an deren Ende ein Gewicht hängt, ist proportional zur Quadratwurzel der Masse (und nicht zur Masse selbst, wie in all diesen antiken Texten angenommen). Im 17. Jahrhundert korrigierte der große niederländische Mathematiker, Physiker und Astronom Christiaan Huygens, selbst ein passionierter Musiker, dieses Gewichtsverhältnis und entlarvte die Erzählung damit endgültig als Legende.[5]

Damit ist also nicht nur die Erzählung vom Experiment in der Schmiede ein Mythos (wahrscheinlich hat das Ereignis nie stattgefunden), sondern obendrein ist auch der Held erfunden (die mathematischen Eigenschaften der Konsonanz offenbarte nicht Pythagoras) und ebenso der angebliche Nachweis dieser Eigenschaften (das Experiment lässt sich in Wirklichkeit nicht replizieren). Drei Fliegen mit einer Klappe!

Interessanterweise verweist aber das Zahlenverhältnis 12:9:8:6 aus dem falschen Beweis trotzdem auf eine physikalische und mathematische Realität. Statt zu behaupten, Pythagoras habe Gewichte an Saiten gehängt, hätte man ihn ganz einfach unterschiedlich lange Saiten benutzen lassen können, nämlich mit einer Länge von 12, 9, 8 und 6 Zentimetern – das hätte funktioniert. Doch die Vorstellung, er habe Gewichte benutzt, war eben hübscher und passte auch besser zu der Geschichte mit der Schmiede.

Im Vordergrund stand bei der Herausbildung dieser Legende also die Ästhetik, der zuliebe die Geschichte in eine Theorie eingepasst wurde. Ein Gegenstand musste ohne jeden tatsächlichen Bezug in einen Rahmen gepresst werden – und genau so war es auch mit dem Regenbogen.

Die Kunst, Äpfel mit Birnen zu vergleichen

Als Newton sich 1664 im Alter von 22 Jahren mit der Optik auseinandersetzte, gründete die gültige Theorie noch auf der seit Aristoteles vorherrschenden Meinung, weißes Licht sei rein und homogen, farbiges Licht dagegen eine Abwandlung davon. Newton experimentierte nun mit Prismen, denn ihm war aufgefallen, dass ein Lichtstrahl, den man in eine solche Glasform einfallen lässt, in den Farben des Regenbogens wieder austritt. So lenkte er also einen Lichtstrahl aus einem kleinen Loch in seinem Fensterladen durch das Prisma. Daraufhin stellte er verschiedene Berechnungen an und kam zu zahlreichen Erkenntnissen, die für die Geschichte der Optik von großer Bedeutung sind; insbesondere konnte er nachweisen, dass Farben keine Abwandlungen, sondern Bestandteile von weißem Licht sind. Das Prisma erschafft also keine Farben, sondern trennt sie auf.

Uns interessiert daran ein Aspekt, der im Vergleich zur Bedeutung von Newtons übrigen Arbeiten relativ nebensächlich ist: die Frage nach den Farben des Regenbogens (und ihrer Anzahl). Eine erste Aufstellung nimmt der Gelehrte in einem Brief vor, der am 8. Februar 1672 in der Sitzung der Royal Academy verlesen wird:

»Es gibt daher zwei Sorten von Farben, die einen ursprünglich, einfach, die anderen aus diesen zusammengesetzt. Die ursprünglichen oder primären Farben sind *Rot, Gelb, Grün, Blau* und ein *Violett-Purpur*, dazu Orange, Indigo und eine unbegrenzte Vielfalt von Abstufungen dazwischen.«[6]

In einem zweiten, 1676 bei der Royal Society vorgetragenen Text wird Newton präziser:

»Und möglicherweise lässt sich Farbe unterscheiden in ihre Hauptabstufungen Rot, Orange, Gelb, Grün, Blau, Indigo sowie ein dunkles Violett, in derselben Weise, wie der Klang innerhalb einer Oktave in Töne gegliedert wird.«[7]

Zwischen beiden Texten besteht ein markanter Unterschied: die Behandlung von Orange und Indigo.[8] Im ersten Text erscheinen sie nach den fünf Primärfarben und sind nicht kursiv gesetzt, als würden sie die Liste der fünf Grundfarben nur ergänzen. Im zweiten Text dagegen werden die sieben Farben genau in der Ordnung genannt, in der sie zu sehen sind, und die Assoziation mit der Musik (Oktave) ist unmittelbar naheliegend.

Tatsächlich enthält eine Oktave (ein Intervall zum Beispiel von C bis C) sieben Töne, die den weißen Tasten auf dem Klavier entsprechen, nämlich die dem Mythos nach von Pythagoras erkannten Noten F, C, G, D, A, E, H beziehungsweise (in der üblichen Reihenfolge) C, D, E, F, G, A, H. Ganz offensichtlich stellt Newton hier eine Parallele zwischen der Theorie des Schalls und des Lichts auf.[9]

In seinem 1704 erschienenen Hauptwerk *Opticks* widmet sich Newton seinen Berechnungen zu diesem Thema besonders ausführlich. Gleichzeitig lässt sich dort gut nachvollziehen, wie er auf die Analogie zwischen Farben und Tönen kam. Als er in einem Regenbogen, den er mit seinem Prisma auf eine Wand projiziert, die Breite jeder Farbe messen will, schreibt er:

> »Um mich zu versichern, bis zu welchem Grade die Farben der einzelnen Ringe in einander übergriffen […], nehmen wir an, dass die Differenzen der Durchmesser der Kreise, welche der Reihe nach entstehen vom äussersten Roth, von der Grenze des Roth und Orange, von der zwischen Orange und Gelb, zwischen Gelb und Grün, zwischen Grün und Blau, zwischen Blau und Indigo, zwischen Indigo und Violett, und vom äussersten Violett sich verhalten, wie die Differenzen der Längen eines die Töne einer Octave gebenden Monochords.«[10]

Ganz unverblümt wird hier deutlich, dass es eigentlich keinen Grund gibt, die mathematische Klangtheorie mit der Lehre vom Licht in Verbindung zu bringen. Aber dank der Formulierung »nehmen wir an« kann Newton einen Gedanken aus dem Hut zaubern, ohne ihn irgendwie zu rechtfertigen. Er tut das ganz absichtlich, denn er erkennt hier eine gewisse Ästhetik und vor allem etwas, was ihm sehr gelegen kommt: Die Verbindung zur Musik führt einwandfrei vor, dass die gesamte physikalische Realität, modern ausgedrückt, über eine Art gemeinsame mathematische DNA verfügt (gleich einem mathematischen Gott, schließlich ist der Regenbogen in der Bibel ein Symbol Gottes,[11] und auch die Zahl der zu Newtons Zeiten bekannten Planeten beträgt sieben[12]). Diese Kohärenz unterstreicht Newton denn auch selbst in der Schlussbetrachtung seiner Abhandlung:

> »So ist sich die Natur immer gleich und einfach [in ihren Mitteln].«[13]

Wir haben es also weder mit dem Ergebnis eines physikalischen Experiments zu tun noch mit der Schlussfolgerung aus einer mathematischen Überlegung, sondern mit der willentlichen Entscheidung, die physikalische Realität in einen vorgegebenen theoretischen Rahmen zu setzen, zu dem sie eigentlich keine Verbindung hat.

Von diesem Moment an hat der Regenbogen also sieben Farben. Vorher war das nicht so. Aristoteles zum Beispiel kommentiert die von Malern benutzten Farben so:

> »Einige kann man nämlich durch Mischung gewinnen, aber bei Grün, Rot und Violett geht das nicht; ebendies aber sind die Regenbogenfarben. Doch erscheint oft zwischen Rot und Grün ein gelbes Band.«[14]

Für ihn enthält der Regenbogen also vier Farben, von denen drei die Primärfarben sind (nicht im oben zitierten Sinne Newtons, sondern im gebräuchlichen Wortsinn). Auch andere Konstellationen begegnen uns: In der *Wiener Genesis*, einer griechischen Handschrift des Buchs Genesis, die wahrscheinlich im 6. Jahrhundert n. Chr. in Syrien verfasst wurde und heute in Wien aufbewahrt wird, sieht man beim Bund Gottes mit Noah einen Regenbogen. Dieser Regenbogen aber ist, von unten nach oben, rot, dann rosa, dann gelblich, grün und bläulich.[15] Insgesamt also fünf Farben, so wie in vielen mittelalterlichen Darstellungen (mit wechselnden Farbgebungen).

1636, also ebenfalls vor Newtons Veröffentlichung, malt Peter Paul Rubens eine *Landschaft mit dem Regenbogen*, den er von unten nach oben orange, blau und in einem Gelbton wiedergibt. Um 1810, also bereits ein Jahrhundert nach Newtons *Opticks*, malt Caspar David Friedrich eine *Gebirgslandschaft mit Regenbogen* und nutzt für Letzteren die Farben Blau, Grün, Gelb, Orange und Rot.

Wenn Sie selbst einen Regenbogen betrachten, werden Sie die von Newton definierten Farben ebenfalls nur mit Mühe ausmachen. Und zwar aus einem einfachen Grund: Ein Regenbogen zeigt die Gesamtheit des sichtbaren Farbspektrums. Er enthält also unendlich viele Farben, die man allenfalls künstlich zu einer festen Zahl gruppieren kann. Dass es ausgerechnet sieben sein sollen, ist dabei eher unnatürlich.

Die Theorie retten oder die Phänomene

Die inzwischen allgemein verbreitete Vorstellung, dass der Regenbogen sich aus sieben Farben zusammensetzt, ist gerade deswegen interessant, weil sie der normalen Wahrnehmung zuwiderläuft. Im Grunde ist das nicht unbedingt schlimm. Die Erkenntnisse der Naturwissenschaft gehen oft gegen die Intuition (man denke nur daran, dass sich erstaunlicherweise die Erde um die Sonne dreht und nicht umgekehrt). Die sieben Regenbogenfarben führt Newton aber gerade nicht aufgrund wissenschaftlicher Belege ein, sondern weil er absichtlich eine Brücke zu einer Theorie bauen möchte, zu der gar kein Zusammenhang besteht.

Damit geriert sich Newton als Retter einer Theorie, ja sogar einer Makrotheorie: des Gedankens nämlich, dass man alle physikalischen Theorien (oder zumindest die von Licht und Schall) so zusammenführen müsste, dass sie füreinander zu einer Art gegenseitigen Metapher würden. Trotz seines überzeugenden rechnerischen und mathematischen Ansatzes erlaubt sich Newton mit diesem Versuch, eine Makrotheorie zu retten, einen Fehltritt zu einer Art mystischer Theosophie, die grundlegend unwissenschaftlich ist.

In der Wissenschaftsphilosophie ist Newton für ein Zitat bekannt, das ursprünglich auf Lateinisch in seinen *Principia Mathematica* stand und inzwischen eine regelrechte Maxime ist: »Hypotheses non fingo« (»Hypothesen erdenke ich nicht«). Das bedeutet, dass er sich als Wissenschaftler an das hält, was er beobachten kann, ohne irgendwelche Zusätze, die nur über frei erfundene Argumente zu rechtfertigen wären. So schreibt er:

> »Hypothesen erdenke ich nicht. Alles nämlich, was nicht aus den Erscheinungen folgt, ist eine *Hypothese* und Hypothesen, seien sie nun metaphysische oder physische, mechanische oder diejenigen der verborgenen Eigenschaften, dürfen nicht in die Experimentalphysik aufgenommen werden.«[16]

Nun lässt sich nicht leugnen, dass Newton beim Regenbogen eine sehr starke und sehr zwingende Hypothese eben doch »erdacht« hat, nämlich einen Zusammenhang zwischen der mathematischen Theorie der Musik und der optischen Theorie. Nur so konnte er die Universalwissenschaft retten, die er herbeisehnte, für die aber kein vernünftiges Argument sprach.

Wissenschaft besteht nicht darin, Theorien zu retten. Nach Karl Poppers Kritischem Rationalismus kann eine Theorie nur als wahr gelten, solange sie nicht widerlegt wurde. Sie gilt also im Moment, sozusagen vorläufig, und das Ziel der Wissenschaft muss es sein, sie zu testen, ihre Belastbarkeit zu prüfen, um ihre Grenzen auszuloten – und nicht etwa, sie um jeden Preis zu erhalten. Wissenschaft besteht insbesondere nicht darin, Symbole zu retten, die lediglich Emanationen von Theorien sind. Die Tatsache, dass die Tonleiter sieben Töne umfasst und dass es in Newtons Zeit sieben bekannte Planeten gab, macht es nicht zwingend, dass der Regenbogen aus sieben Farben besteht. Man kann es sich zwar wünschen, weil es ein hübscher Zufall wäre, aber es wäre eben nicht mehr als ein Zufall, denn weder die Musik noch die Farbe werden von der Zahl Sieben bestimmt, sondern von substanzielleren Ursachen. So hält bereits Aristoteles fest:

»Es gibt sieben Vokale; sieben Saiten bilden die Harmonien; sieben ist die Anzahl der Plejaden; mit sieben Jahren verlieren die Tiere ihre Zähne (wenigstens einige; einige freilich auch nicht); sieben Kämpfer stritten gegen Theben. War etwa die und die Natur der Zahl Sieben die Ursache dafür, daß sich sieben Kämpfer erhoben und die Plejaden aus sieben Sternen bestehen? Ist nicht vielmehr die Tatsache, daß Theben sieben Tore hat, oder eine andere bestimmte Tatsache die Ursache dafür gewesen? Bei den Plejaden zählen gerade wir sieben und beim Großen Bären zwölf Sterne – andere Völker aber mehr. [...] Die Vertreter jener Ansicht [die Pythagoreer] gleichen den alten Homerikern, die zwar die kleinen Ähnlichkeiten sehen, an den großen aber vorbeisehen.«[17]

Dieses Zitat beschreibt genau die Versuchung, der Newton erlegen ist. Denn Aristoteles spricht von der Oktave und der Zahl Sieben, die so gerne als universales Symbol interpretiert wird, aber er erwähnt auch die Schüler des Pythagoras, deren mathematische Theorie der Musik Newton, wie wir gesehen haben, imitieren möchte.

Wissenschaft besteht darin, *Phänomene zu retten*: Man zwingt sie nicht, sich in eine Theorie einzufügen, sondern im Gegenteil, man stellt eine Theorie gerade so auf, dass sie die Erscheinungen, also das Beobachtbare, wiedergibt, und zwar sowohl messbare Erscheinungen als auch ihre direkten oder indirekten Folgen.

Diese später in der Wissenschaftsgeschichte berühmt gewordene Definition findet sich bei Plutarch im Zusammenhang mit der heliozentrischen Revolution, die Aristarchos von Samos vorlegte und die besagt, dass die Erde sich um die Sonne dreht. Denn obwohl das ersichtlichere Phänomen – wir sehen, dass die Sonne sich um die Erde dreht – das Gegenteil vermuten lässt, machen Schlussfolgerungen aus zahlreichen anderen Phänomenen die heliozentrische Theorie insgesamt stichhaltiger: Sie kann die Phänomene besser erklären. So schreibt Plutarch, dass Aristarchos

> »[...] versuchte (die) Phänomene zu retten, indem er annahm, dass der Fixsternhimmel stillstehe, die Erde aber in einem schiefen Kreise umlaufe und sich dabei gleichzeitig um ihre eigene Achse drehe.«[18]

Mark Twain bedauert im eingangs zitierten Spruch augenzwinkernd, dass wir an Zauber verloren haben, was wir in den Wissenschaften an Erkenntnis gewonnen haben. Wir müssen wohl oder übel feststellen, dass Newton nicht bereit war, den ganzen Zauber des Regenbogens herzugeben. Er bewahrte den magischen Aspekt im Glauben an eine geradezu göttliche Wissenschaft.

Uns Heutigen mag das als Lektion dienen, sei es in der Wissenschaft, der Politik oder bei einem Plausch im Kollegenkreis: Wenn ein so genialer Naturwissenschaftler sich dafür hergegeben hat, wider besseres Wissen zu behaupten, was er hoffte, dann sind auch wir nicht davor gefeit, uns von unseren Annahmen leiten zu lassen und womöglich Falsches zu behaupten, ohne es auch nur zu bemerken.

Die Verwestlichung der Geschichte

Bei dem Mythos von den sieben Farben des Regenbogens geht es aber nicht nur um die Anzahl der Farben, sondern auch um die Urheberschaft an der wissenschaftlichen Erklärung für das Phänomen. Newton wusste zwar, dass der Dalmatiner Markantun de Dominis und der Franzose René Descartes sie bereits geliefert hatten. Doch häufig wird vergessen, dass der Regenbogen von den arabisch-muslimischen Gelehrten des Mittelalters ausführlich untersucht wurde und dass sie seine Entstehung geometrisch vollständig beweisen konnten.

Um die Geschichte in ihren Grundzügen anzureißen:[19] Anfang des 11. Jahrhunderts wies Ibn Sina (im Abendland besser bekannt als Avicenna) nach, dass entgegen der Annahme der Griechen nicht die Wolken als kleine Spiegel wirken, sondern dass tatsächlich die Wassertröpfchen das Sonnenlicht reflektieren. Wenige Jahre später legte Ibn al-Haitham (Alhazen) einen geometrischen Beweis dafür vor, dass kreisrunde Wassertropfen das Sonnenlicht ablenken.

Anfang des 14. Jahrhunderts schließlich nahm al-Farisi die Arbeiten seiner Vorgänger wieder auf und ließ, im Wesentlichen ganz wie Newton nach ihm, einen Lichtstrahl auf eine mit Wasser gefüllte Glaskugel fallen (die ihm also als Prisma diente). Er stellte fest, dass jeder Farbstrahl sich aufteilt: Ein Teil tritt aus der Glaskugel aus, ein anderer Teil wird von der Rückwand der Wasserkugel reflektiert wie in einem Spiegel. Anschließend wird jeder reflektierte Strahl beim Austritt aus dem Wasser erneut leicht abgelenkt. Bei einem Regenbogen wirken die Wassertropfen also genau wie die mit Wasser gefüllte Kugel in diesem Experiment.

Beim Eintritt in den Tropfen werden die Strahlen zunächst gebrochen, dann an der Rückseite des Tropfens reflektiert und bei ihrem Austritt aus dem Tropfen schließlich erneut gebrochen. So kam al-Farisi richtigerweise zu dem Schluss, dass ein Beobachter dieser Strahlen, die ihm von Tropfen auf unterschiedlicher Höhe reflektiert werden, mehrere Farben wahrnimmt.

Das bedeutet auch, dass es genauso viele Regenbögen gibt wie Beobachter: Eine Person, die hundert Meter von mir entfernt steht, nimmt mit ihren Augen nicht dieselben Lichtstrahlen auf wie ich und sieht also einen anderen Regenbogen mit einer anderen Form und einer leicht verschobenen Lage vor dem

Himmel. Insgesamt hat der Regenbogen keine physische Existenz: Wir können ihn nicht anfassen. Wie eine Fata Morgana existiert er nur, weil ein Auge aus einem bestimmten Winkel Lichtstrahlen auffängt. Wenn ich die Augen schließe, existiert die Sonne weiter und die Regentropfen auch, aber den Regenbogen gibt es nicht mehr.

Amüsant ist die Feststellung, dass wir, wenn wir einen Regenbogen zeichnen, tatsächlich nur den Regenbogen zeichnen, also das Einzige, was nicht existiert – denn wir zeichnen weder die Sonne noch die Wassertropfen noch den Beobachter. Und das, obwohl ohne das Auge dieses Beobachters der Regenbogen gar nicht existiert.

Wohlgemerkt gehen al-Farisi und seine Vorgänger rein naturwissenschaftlich vor. Newtons Mystizismus hat dabei nichts zu suchen. Und der Beweis ist entsprechend sauber: Er stützt sich ausschließlich auf die Phänomene. Zwar überholten de Dominis, Descartes und Newton die Arbeit dieser Gelehrten – aber erst viele Jahrhunderte später!

Wir haben vergessen, dass es diese Arbeiten überhaupt gegeben hat, obwohl sie fundamental und in ihrer Zeit bis ins Abendland hin anerkannt waren! Heute gilt die mittelalterliche arabische Naturwissenschaft lediglich als Brücke zwischen den Griechen und uns, als hätten die Araber nur ein paar Jahrhunderte lang die Handschriften aufbewahrt, um sie am Ende uns zu übergeben, die wir – als Europäer, als Weiße, als Überlegene – als Einzige etwas damit anzufangen wussten. Die Wirklichkeit sah ganz anders aus: Die arabische Wissenschaft revolutionierte nicht nur viele Gebiete wie Algebra und Optik (um nur zwei zu nennen), sondern sie blieb zudem mit der Ankunft der mittelalterlichen Handschriften im Okzident keineswegs stehen, sondern entwickelte sich nach dem 12. und 13. Jahrhundert weiter; die Gelehrtendebatten wurden in Europa zwar nicht verfolgt, aber sie waren äußerst fruchtbar. Ein ganzer Bereich der heutigen wissenschaftsgeschichtlichen Forschung beschäftigt sich genau damit, diese im Okzident vergessenen Gelehrten wieder in den verdienten Blick zu nehmen.[20]

Denn der Westen vergisst gerne, dass es in der Welt noch andere Gelehrte und andere wissenschaftliche Methodiken gibt, die sich möglicherweise in die Geschichte der abendländischen Naturwissenschaften nicht einordnen lassen. Deshalb situieren wir häufig (zumindest in der populären oder halbaufgeklärten Bildung) den Ursprung der Naturwissenschaften in Griechenland. Im nächsten Kapitel werden wir sehen, dass sogar die Griechen selbst über diese Vorstellung gelacht hätten.

So wie die Wissenschaft laut Mark Twain dazu führen kann, dass ein Stück Zauber verloren geht, kann die Wissenschaftsgeschichte Forscher dazu bringen, über den Tellerrand zu schauen. Und das ist sehr gut so!

10
Unter der Sonne Griechenlands

»[…] das griechische Wunder – eine Erscheinung, die nur einmal vorgekommen ist, die niemals vorher geschaut wurde und niemals wieder gesehen wird. Doch ihre Wirkung dauert ewig. Es ist das Urbild ewiger Schönheit, ohne jeden lokalen oder nationalen Flecken. Vor meiner Reise wußte ich wohl, daß Griechenland die Wissenschaft, die Kunst, die Philosophie, die Zivilisation geschaffen hat; doch der Maßstab dafür fehlte mir. Als ich die Akropolis sah, ward mir die göttliche Offenbarung lebendig, […]«[1]

Ernest Renan

Ernest Renan ist ein bedeutender Historiker des 19. Jahrhunderts, der insbesondere mit seinem *Leben Jesu* eine Polemik entfachte. Darin unterzog er nämlich Jesus und die Bibel einer historisch-kritischen Untersuchung, wie sie für jede gewöhnliche Biographie oder jeden gewöhnlichen Text üblich ist. Den Umgang mit der Religion zu entsakralisieren und wissenschaftlich an sie heranzugehen, erntete natürlich viel Empörung, machte das Buch aber zugleich zu einem der größten Bestseller seiner Zeit in Frankreich und darüber hinaus. Man könnte also meinen, wenn der Ikonoklast Renan uns sagt, dass Griechenland die Naturwissenschaft und die Philosophie hervorgebracht hat, dann muss das wahr und überprüfbar sein.

Ein Ereignis gilt in der Tat gemeinhin als Geburtsstunde dieser beiden ursprünglich untrennbar miteinander verbundenen

Disziplinen: die Vorhersage einer Sonnenfinsternis durch Thales von Milet, den Begründer des geometrischen Satzes, der seinen Namen trägt. Den Bericht davon lesen wir bei Herodot:

> »Während sie [die Meder und die Lyder] den Krieg in unentschiedener Weise weiterführten, ergab es sich, als es im sechsten Jahr zu einem Zusammenstoß kam, dass der Tag plötzlich zur Nacht wurde. Dass diese Veränderung des Tages kommen würde, hatte Thales von Milet den Ioniern vorausgesagt, wobei er als Zeitgrenze eben dieses Jahr vorweg angegeben hatte, in dem diese Veränderung dann auch stattfand. Als nun die Lyder und Meder sahen, dass es Nacht anstelle des Tages geworden war, beendeten sie die Schlacht und bemühten sich jetzt vielmehr – und zwar beide Seiten – darum, miteinander Frieden zu schließen.«[2]

Die antiken Autoren, die dieses Ereignis erwähnen, mögen im Detail voneinander abweichen,[3] aber einig sind sich alle in der Vorhersage selbst und darin, dass sie auf Thales zurückging.

Die betreffende Sonnenfinsternis (deren Auftreten gesichert ist) datiert man im Allgemeinen auf den 28. Mai 585 v. Chr., und dieses Datum gilt denn auch sehr häufig als Geburtsstunde der Philosophie und der Naturwissenschaften. Denn Thales geht dieses furchterregende Naturschauspiel (man denke nur an Tim und Struppi im *Sonnentempel*) nicht mehr irrational und gottergeben an, sondern wissenschaftlich: Es wird zu einem banalen Ereignis, das sich erklären und sogar vorhersagen lässt, und zwar nicht von einem Propheten, sondern von einem Gelehrten. Dies sollte die Verfasser vieler populärwissenschaftlicher Bücher und Artikel zu Aussagen inspirieren wie: »Am 28. Mai 585 v. Chr. erfand Thales Naturwissenschaften und Philosophie.«

Aber stimmt das überhaupt? Im vorigen Kapitel haben wir gesehen, dass alle Autoren einhellig von Pythagoras' Experiment mit den Gewichten berichteten, obwohl es komplett erfunden war und weder tatsächlich stattgefunden hat noch technisch möglich war. Und so keimt ab der zweiten Hälfte des 19. Jahrhunderts[4] und vor allem Mitte des 20. Jahrhunderts[5] der Gedanke, dass Thales keinesfalls über die mathematischen Mittel verfügt haben kann, um eine Sonnenfinsternis vorherzusagen. Und das ist völlig richtig: Nach heutigen Maßstäben eine Sonnenfinsternis vorherzusagen, ging über die technischen Fähigkeiten der damaligen Mathematiker und Astronomen weit hinaus.

Andererseits kennen wir zahlreiche Keilschrifttafeln,[6] die Sonnenfinsternisse vorhersagten, und das bereits 200 Jahre vor Thales. Zwar verfügten auch die babylonischen Astronomen nicht über unsere heutigen mathematischen Kenntnisse; dennoch verzeichneten sie in großer Genauigkeit alle astronomischen Ereignisse und vor allem Sonnenfinsternisse, deren symbolische und religiöse Bedeutung in Babylon unermesslich war. Nun hatten sie dank ihrer Beobachtungen und ihrer kosmologischen Modellierung die Existenz eines Zyklus von 223 Mondmonaten (des sogenannten Saros[7]) aufgedeckt, der einem Zeitraum von 18 Jahren, 11 Tagen und 8 Stunden entspricht und 86 Finsternisse (43 Mond- und 43 Sonnenfinsternisse) umfasst. Außerdem war ihnen aufgefallen, dass die Finsternisse von einem Saros zum nächsten in derselben Reihenfolge auftraten.

Allerdings konnten sie damit zwar das Datum einer Finsternis vorhersagen, nicht aber den Ort, an dem sie sichtbar war, weil die acht Stunden im Zyklus die Ereignisse von einem Saros zum anderen verschoben. Die Babylonier wussten also, dass manche angekündigten Finsternisse in Babylon nicht sichtbar waren, aber doch stattgefunden hatten (und man sie anderswo auf der Erde sehen konnte).

Aufgrund des Zufalls, dass acht Stunden ein Drittel eines Tages ausmachen, erreichte man nach drei aufeinanderfolgenden Zyklen wieder eine ganze Tageszahl (also nach dreimal acht

Stunden). Somit ließ sich das Datum der Finsternisse relativ genau vorhersagen, und zwar mit einer zyklischen Wiederholung alle 54 Jahre und 34 Tage.

Liest man aber noch einmal genau bei Herodot nach, so ist seiner Schilderung zu entnehmen, dass Thales das Datum der Finsternis mit der »Zeitgrenze eben dieses Jahr[es]« festgelegt hatte, sich also deutlich weniger weit vorwagte als die zeitgenössischen babylonischen Astronomen.

Damit haben wir die Wahl: Entweder behaupten wir, dass Thales nie eine Sonnenfinsternis vorhergesagt hat, weil er nicht über die nötigen mathematischen Kompetenzen verfügte, oder wir gehen davon aus, dass Thales die Sonnenfinsternis mithilfe der babylonischen Methode vorhersagte. In beiden Fällen kommen wir nicht um das Zugeständnis herum, dass Thales nicht mehr als Erfinder der Naturwissenschaften gelten kann. Dass er der erste griechische Naturwissenschaftler war, der uns namentlich bekannt ist, mag sein; ihn aber als Erfinder der Naturwissenschaften darzustellen, mit der Begründung, er habe mit der Vorhersage einer Sonnenfinsternis die Menschheit vom religiösen Denken befreit und ins wissenschaftliche Denken eingeführt, ist nunmehr unmöglich (oder wäre im höchsten Grade unaufrichtig).

Die Griechen wissen sehr genau, in wessen Schuld sie stehen

Abgesehen von allen heutigen Erkenntnissen waren sich die Griechen selbst aber durchaus bewusst, dass sie die Naturwissenschaften nicht erfunden hatten. Als zum Beispiel Aristoteles den Beweis dafür anführt, dass der Mond der Erde näher ist als der Mars (weil er eine Bedeckung des Mars durch den Mond beobachtet hat), schreibt er:

»Über die anderen Gestirne berichten die Ägypter und Babylonier, die einst über sehr viele Jahre (den Himmel) beobachtet haben und von denen wir viele zuverlässige Informationen über jeden einzelnen Stern besitzen, dasselbe.«[8]

Aristoteles hält es nicht für notwendig, neu zu beweisen, was Babylonier und Ägypter bereits bewiesen haben, denn deren Arbeiten sind sowohl verlässlich als auch in griechischen Gelehrtenkreisen wohlbekannt. Herodot bestätigt auch den ägyptischen Ursprung der Mathematik:

»Dieser König habe auch, sagten sie, das Land unter alle Ägypter verteilt, indem er jedem ein gleich großes viereckiges Stück gegeben habe, und aus dieser Einrichtung seine Einkünfte generiert, indem er angeordnet habe, eine jährliche Abgabe zu leisten. Sooft der Fluss von jemandes Ackerlos etwas fortriss, so pflegte der Besitzer zum König zu gehen und anzuzeigen, was geschehen war; der sandte Leute, um nachzusehen und auszumessen, um wie viel kleiner das Grundstück geworden war, damit der Besitzer in Zukunft (nur) den entsprechenden Teil der festgesetzten Abgabe zu bezahlen habe. Mir scheint, dass aufgrund dessen die Geometrie erfunden worden und dann nach Griechenland gekommen ist.«[9]

Ebenfalls Thales soll als Erster nach Ägypten gereist sein und von dort mathematische und philosophische Erkenntnisse mitgebracht haben[10] – und alle griechischen Quellen sind sich einig, dass einige Jahre nach Thales auch Pythagoras nach Ägypten reiste, um sich bei den dortigen Priestern ausbilden zu lassen. Porphyrios hält in seiner *Lebensbeschreibung des Pythagoras* fest:

»Was seinen Bildungsweg angeht, so weiß die Mehrzahl (der Berichterstatter) davon zu sagen, daß er das Wissen von den sogenannten mathematischen Lerngegenständen sich bei den Ägyptern, den Chaldäern und den Phöniziern angeeignet habe. Mit Geometrie hätten sich seit uralten Zeiten schon die Ägypter befaßt, mit Zahlen und deren Berechnungsverhältnissen die Phönizier, die Chaldäer hingegen mit allem, was man am Himmel sehen kann. Was die heiligen Handlungen und Bräuche den Göttern gegenüber angeht sowie die Gebote und Fertigkeiten der Lebensführung, so sagen sie, das habe er bei den Magern vernommen und sich angeeignet.«[11]

Thales an der Pyramide

Von Thales wird erzählt, er habe den Pharao beeindruckt, indem er die Höhe der großen Cheops-Pyramide errechnete. Dazu steckte er an der Spitze des Pyramidenschattens einen Stab in die Erde. Da er die Länge des Stabs, die Länge von dessen Schatten und die Länge des Pyramidenschattens kannte, brauchte er jetzt nur noch seinen berühmten Strahlensatz anzuwenden, um die Höhe zu errechnen und vor allem dem Pharao zu imponieren.

Allerdings ist es reine Erfindung, dass ein Grieche den Ägyptern etwas derartiges beigebracht haben soll; in Wirklichkeit war es genau umgekehrt. Um zu verstehen, wie es zu dieser Verkehrung kommen konnte, müssen wir uns die antiken Quellen zu Thales ansehen.[12]

Die ältesten Zeugnisse bis aus der Zeit um Alexander den Großen, also um 320 v. Chr., präsentieren Thales vor allem als sehr praktisch orientierten Denker. So wird er als weiser Politikberater beschrieben, der den Ioniern in den griechischen Kolonien an der Küste der heutigen Türkei seinen Rat erteilte und sie zur Einigung aufrief.[13] Außerdem stellt man ihn als findigen Unternehmer dar, der in der Nebensaison alle Ölpressen von Milet und Chios gemietet habe, um sie zur Erntezeit zu hohen Preisen weiterzuvermieten.[14] Gelegentlich wird er auch als jemand präsentiert, der naturwissenschaftliche Kenntnisse geschickt anzuwenden weiß, etwa wenn er eine Sonnenfinsternis vorhersagt oder König Kroisos rät, einen Fluss durch das Anlegen eines Kanals zweizuteilen, damit sein Heer leichter übersetzen kann.[15]

Erst nach 320 v. Chr. fand Thales allmählich auch Anerkennung als der große Mathematiker im modernen Sinne, als der er heute gilt. Autoren wie Plinius der Ältere[16] und Plutarch[17] schreiben ihm die Bemessung der Pyramide zu, während er laut Proklos[18] den Begriff vom Kreisdurchmesser prägte. Die römische Historikerin Pamphile[19] geht sogar so weit, ihm einen weiteren mathematischen Lehrsatz zuzuschreiben, dass nämlich ein Dreieck, dessen eine Seite dem Durchmesser seines Umkreises entspricht, stets ein rechtwinkliges Dreieck ist, also genau das, was im Deutschen als *Satz des Thales* und im Englischen als *Thales's theorem* bezeichnet wird (während im Französischen mit *Théorème de Thalès* der Strahlensatz gemeint ist).

Mit der Mathematik wurde Thales also erst mehrere Jahrhunderte nach seinem Tod in Verbindung gebracht. Außerdem ist es äußerst wahrscheinlich, dass die Ägypter Thales' Strahlensatz schon gut tausend Jahre vor seiner Geburt kannten.[20]

Der Satz des Pythagoras in Keilschrift

Noch eindeutiger steht es um den Pythagoras zugeschriebenen Satz, demzufolge in einem rechtwinkligen Dreieck die Summe der Flächeninhalte der Kathetenquadrate gleich dem Flächeninhalt des Hypotenusenquadrates ist ($a^2 + b^2 = c^2$): Er wurde definitiv nicht von Pythagoras aufgestellt. Die älteste Spur dieses Satzes findet sich auf der babylonischen Keilschrifttafel Plimpton

322, die etwa auf 1800 v. Chr. datiert wird und damit 1300 Jahre älter ist als Pythagoras!

In der zweiten und dritten Spalte dieser Tontafel finden sich verschiedene Zahlen, so in der ersten Zeile 119 und 169. Die Differenz der Quadrate dieser Zahlen beträgt 120^2 ($169^2 - 119^2 = 14\,400 = 120^2$); diese Zahlen könnte man in ein rechtwinkliges Dreieck mit den Seitenlängen 119, 120 und der Hypotenuse 169 übersetzen. Und so funktioniert das bei allen Zeilen der Tafel, in der vierten Zeile etwa mit 12 709 und 18 541; denn in der Tat ist $18\,541^2 - 12\,709^2 = 182\,250\,000 = 13\,500^2$.

Wir wissen nicht genau, welchem Zweck diese Tontafel diente: ob es sich um eine trigonometrische Tabelle handelte,[21] um Berechnungen zu den Seitenlängen rechteckiger Dreiecke oder um einfache Rechenübungen.

Auch in den indischen *Sulbasutras* (»Schnurregeln«) des Baudhayana, die zwischen 800 und 500 v. Chr. verfasst wurden, also vor Pythagoras oder zu seiner Lebenszeit, findet sich eine (großartige![22]) Methode zur Konstruktion von Quadraten mithilfe von Stäben und einer Schnur, die wie ein Zirkel funktioniert. Im Anschluss an diese Anweisungen werden Zahlentripel genannt, die exakt dem Satz des Pythagoras entsprechen:

> »Die Diagonale eines Rechtecks bringt beides hervor, was die Seiten einzeln hervorbringen.
>
> 3, 4, 5.
> 5, 12, 13.
> 8, 15, 17.
> 7, 24, 25.
> 12, 35, 37.
> 15, 36, 39.«[23]

Und tatsächlich gilt $3^2 + 4^2 = 5^2$; $12^2 + 5^2 = 13^2$; $8^2 + 15^2 = 17^2$ und so weiter. Allerdings dürfte Pythagoras kaum je Kontakt mit

Baudhayana gehabt haben; in Ägypten dagegen (oder, wenn auch weniger wahrscheinlich, in Babylon) hatte er ganz sicher von dem Satz gehört, der heute seinen Namen trägt.

Ein hellenistischer Pränationalismus?

Thales und Pythagoras waren sich völlig darüber im Klaren, dass sie die Sätze, die heute mit ihrem Namen assoziiert werden, nicht aufgestellt hatten. Dasselbe gilt für die ersten griechischen Kommentatoren. Doch merkwürdigerweise reklamierten die griechischen und römischen Autoren des Hellenismus (also nach dem Tod Alexanders des Großen 323 v. Chr.) nach und nach die Urheberschaft an diesen Sätzen für die Gelehrten, die man als die beiden großen Begründer der griechischen Naturwissenschaften und Philosophie bezeichnen kann (nicht aber, wie gesagt, der Naturwissenschaften und der Philosophie an sich). Der Grund dafür ist schwer auszumachen, aber möglicherweise begünstigte eine Art griechischer »Nationalismus«[24] diese Umdeutung der Geschichte und diesen Willen, sich von den anderen Kulturen abzusetzen, aus denen Griechenland Inspiration schöpfte; schließlich war Griechenland damals erstmals nicht mehr nur ein fiktives Gebilde aus einzelnen Poleis und Mikro-Staaten, sondern ein riesiges, einheitlich verwaltetes Reich.

Eine erste Spur dieses nationalistischen, ja, kulturkämpferischen Gedankens findet sich bei Isokrates, der im Jahr 380 v. Chr. alle Griechen zur Einigung aufrief, was unter dem Hegemonen Philipp von Makedonien und seinem Sohn Alexander dem Großen Wirklichkeit wurde. In seinem *Panegyrikos*, einer Lobschrift auf Athen, preist Isokrates die berühmte Polis als Hort der Philosophie[25] und als den Ort, an dem Wissenschaft und Kunst aufblühten.[26] Schließlich hält er fest, dass die Griechen nicht nur ein

Volk sind, sondern vor allem Vertreter einer gemeinsamen Bildung und Gedankenwelt.[27]

Die Verweise auf die externen Wurzeln der griechischen Naturwissenschaften verblassen, zumal sich unter Alexander dem Großen allmählich auch eine neue Welt, ein neues politisches und administratives Grundverständnis durchsetzt. Die Vergangenheit wird zumindest teilweise ausradiert, man konstruiert jetzt eine rein griechische Geschichte.

Das antike Griechenland und der Kampf der Kulturen

Ähnlich wie der isokratische und später hellenistische Pränationalismus, der sich in erster Linie gegen die Perser richtete und eine hellenistische »Nation« begründen sollte, war der Nationalismus des 19. Jahrhunderts vor allem an Bestrebungen gebunden, Nationalstaaten herauszubilden, die bislang von anderen Staaten dominiert wurden, und eine kulturelle Überlegenheit zum Ausdruck zu bringen. Griechenland, damals unter der Herrschaft des Osmanischen Reichs, erlangte 1830 seine Unabhängigkeit mithilfe Frankreichs, des Vereinigten Königreichs und Russlands.

Wenig später, im Jahr 1865, bereist Ernest Renan Griechenland und ist überwältigt von der Athener Akropolis. Anlässlich dieser Reise wird er von besagtem »griechischem Wunder« sprechen, im Gegenzug aber auch alles andere herabwürdigen. Direkt im Anschluss an die oben zitierte Passage schreibt er:

> »Damals erschien mir die ganze Welt barbarisch. Der Orient war mir durch sein Gepränge, durch seine Zurschaustellungen, durch seine Talmidinge zuwider. Die Römer waren nur rohe Krieger. Die Majestät des schönsten Römers, eines Augustus, eines Trajan war für mich nur Pose angesichts der freien Haltung, des schlichten Adels jener stolzen und

stillen Bürger. Kelten, Germanen, Slawen erschienen mir wie schlecht zivilisierte, mit einem Gewissen ausgestattete Skythenstämme. Unser Mittelalter fand ich ohne Schwung und Anmut, doch mit unberechtigtem Stolz und Pedanterie behaftet. Karl der Große erschien mir wie ein grober Pferdeknecht; unsere Ritter kamen mir vor wie plumpe Tölpel, über deren Anblick Themistokles und Alcibiades gelächelt hätten.«[28]

Alles wandert auf den Müllhaufen: Die Nachfolger der Griechen sind ein blasser Abglanz, ihre Zeitgenossen halbe Barbaren, von ihren Vorgängern ist nicht einmal mehr die Rede. Im Zuge dieser Sichtweise kommt es zu einer Bewegung, in der die Geschichte auch in der Architektur weißer gemacht wird: Die griechischen Tempel mit ihrem makellosen Weiß stehen den grellen Farben der osmanischen Bauten gegenüber. Die Farbe Weiß wird zu einem kulturellen Merkmal des Abendlands gegenüber dem Morgenland, wie »das in pentelischem Marmor kristallisierte Ideal«[29], so Renan; und der große Mathematiker Henri Poincaré urteilte so:

»Wenn die Griechen über die Barbaren triumphierten und Europa, die Erben des Griechengedankens, die Welt beherrscht, so geschieht es, weil die Wilden die schreienden Farben und die lärmenden Trommeltöne liebten, die nur ihre Sinne beschäftigten, während die Griechen die geistige Schönheit liebten, welche sich unter der Schönheit der Sinne verbirgt, und daß diese geistige Schönheit es ist, welche die Intelligenz sichert und stärkt.«[30]

Unter solchen Prämissen kann Griechenland sich nicht mehr ernsthaft vom Orient (Ägypten, Babylonien, Phönizien) inspiriert haben, denn das wäre ein Unding. Schlimmstenfalls kann man in diesen Kulturen Vorläufer sehen, aber dass sich dort eine »echte« Naturwissenschaft (oder gar eine Philosophie) herausgebildet hätte, wird geradezu undenkbar.

Bleibt man dagegen bei den historischen Fakten, so kam die griechische Architektur ironischerweise der verschrienen Architektur des Morgenlands sehr nah. In Wirklichkeit waren alle Tempel über und über bemalt in Farben, die heute geradezu befremdlich anmuten würden; dass sie heute weiß sind, war nicht etwa eine ästhetische Entscheidung der Griechen, sondern die Farben sind ganz einfach im Laufe der Zeit verblasst. Zwar wurden auf den Gebäuden bereits im 18. Jahrhundert Pigmentspuren entdeckt, aber erst im 20. Jahrhundert setzte sich die Erkenntnis durch, dass sie einst bunt waren.[31] Die Vorstellung vom makellosen Weiß der griechischen Bauwerke ist also völlig falsch – genauso wie übrigens auch die mittelalterlichen Kirchen keineswegs farblos, sondern ebenfalls vollständig ausgemalt waren.[32]

Die Naturwissenschaften sind genuin menschlich

Griechenland als Werkzeug im Kampf gegen die Kulturen des Orients einzusetzen ist völlig absurd; und doch erlaubte es dem Westen, sich als selbstverständlichen Erben Griechenlands, als alleinigen Erfinder der Naturwissenschaften zu sehen. Die Keilschrifttafeln, die über geniale geometrische Methoden Lösungswege für quadratische Gleichungen präsentieren, ägyptische Papyri mit sehr komplexen geometrischen und arithmetischen Rechnungen, chinesische und indische Abhandlungen zur Mathematik, die erhaltenen mathematischen Ausführungen der Maya, die noch identifizierbaren Spuren der Mathematik in Afrika – alles das zeigt, wie grundlegend falsch, ungerecht und schade es ist, die Mathematik allein auf Griechenland zu begrenzen.

Ähnlich wird tendenziell der indischen Ideenwelt der Status einer Philosophie verweigert, mit dem Argument, sie sei von religiösem Denken durchzogen. Das mag sein, aber auch bei Platon finden sich wenig zu rechtfertigende Götter, Mythen und Metaphern. In diesem Sinne ist die *Bhagavad Gita* mit gleichem Recht als handlungstheoretische Schrift zu bezeichnen wie die platonischen Dialoge.

Während wir gerne die arabischen Naturwissenschaften des Mittelalters als Brücke zwischen Griechenland und dem Abendland bezeichnen (also gewissermaßen als Überbrückung des »dunklen Mittelalters«, die uns vom antiken ins moderne Abendland führt – auch das ein Irrtum nach dem anderen), würden wir nie das antike Griechenland als Brücke zum Beispiel zwischen Babylon und den arabischen Naturwissenschaften des Mittelalters bezeichnen. Ja, Griechenland hat erhebliche Neuerungen hervorgebracht, aber damit war es nicht allein: Die Geschichte der Naturwissenschaften ist voll von solchen mehr oder weniger langwierigen Revolutionen. Ja, Griechenland ist wunderbar, und uns geht es hier keineswegs darum, seine historischen und ideengeschichtlichen Errungenschaften zu schmälern. Gleichwohl ist es absurd, im Namen Griechenlands den Rest der Welt abzuwerten.

Ein solcher ungeschickter West-Zentralismus unterläuft uns zum Beispiel häufig, wenn wir unseren Begriff der Zahl Null und unser Zahlensystem auf das System der Maya übertragen wollen, das komplex und nur unzureichend bekannt ist, weil es nicht sehr umfangreich dokumentiert ist.[33] So viel also zu anderen Kulturen und der tatsächlichen oder fehlenden Anerkennung für ihre naturwissenschaftlichen Leistungen; aber vergessen wir nicht, dass es daneben auch noch völlig andere Möglichkeiten gibt, reale und mathematische Gegenstände zu begreifen. Wie Völker, die wir häufig abfällig als »primitiv« oder »nicht vollständig zivilisiert« bezeichnen, all diese Gegenstände modellieren, ist das Forschungsthema der Ethnomathematik. Statt diese Praktiken als Prämathematik abzutun, also zu behaupten, Mathematik könne gar nichts anderes sein als ihr heutiger Entwicklungsstand, bereichern solche Untersuchungen unser Spektrum von Ansätzen, Mathematik zu denken.

Im naturwissenschaftlichen Denken dürfen wir Andersartigkeit nicht als Absonderlichkeit abstempeln, sondern müssen sie wertschätzen als großartige Gelegenheit, über den Tellerrand hinauszublicken. Übrigens ist auch die griechische Mathematik im Vergleich zu unserem heutigen Verständnis erstaunlich »anders«. Einer ihrer wichtigen Impulsgeber ist zum Beispiel die Arithmologie (die Lehre von den ästhetischen und mystischen Eigenschaften der Zahlen), die uns heute kaum mehr beschäftigt und die wir eher als bizarren, aber unbedeutenden Schlenker in der Geschichte der Naturwissenschaften einordnen. Dabei ließen sich in diesem Komplex erhebliche mathematische Reichtümer finden, deren Ergebnisse schon in der Mittelstufe unterrichtet werden könnten – mit dem doppelten Gewinn, dass sie bei den Schülern Interesse wecken und eine andere Facette der Mathematik aufzeigen könnten.

Denn schließlich sind die Naturwissenschaften ein Teil von uns selbst. Um die bereits zitierte Formulierung von Aristoteles zu übernehmen, einem Griechen, der die Wissenschaft nicht für ein exklusives Eigentum der Griechen hielt, sondern tatsächlich für ein Merkmal des Menschen, für Aristoteles also ist sie eine »Verwunderung«[34] (S. 20), die uns antreibt, die Wirklichkeit zu untersuchen. Menschsein heißt immer, ein Stück weit Naturwissenschaftler zu sein, etwa wenn man denkt, wie intuitiv Menschen geometrische Formen auf den Boden zeichnen, wie Vitruv es anschaulich schildert:

> »Als der Philosoph Aristippos, ein Schüler des Sokrates, durch Schiffbruch an das Gestade der Rhodier geworfen, (in

> den Sand) gezeichnete geometrische Figuren bemerkt hatte, soll er seinen Begleitern gegenüber folgenden Ausruf getan haben: ›Laßt uns guter Hoffnung sein! Ich sehe nämlich Spuren von Menschen!‹«[35]

Auch wenn diese Erzählung vielleicht nicht historisch belegbar ist, illustriert sie gut diese grundlegend menschliche, universelle Seite der Naturwissenschaften.

11
Noch dreimal auf Holz geklopft

»Hat es sich wirklich so zugetragen,
das weiß ich nicht. So wird es erzählt.«[1]

Walter Scott

Betrachten wir abschließend drei weitere Fälle, allerdings weniger ausführlich als die vorigen, weil sie weniger bekannt sind, auch wenn die entsprechenden Anekdoten in Gelehrtenkreisen durchaus geläufig sind. Es gäbe noch Dutzende solcher Figuren, aber diese drei illustrieren praktischerweise drei sich ergänzende Aspekte der Lügen und Legenden der Wissenschaftsgeschichte.

Barometer und Hufeisen

Der dänische Physiker Niels Bohr erhielt 1922 den Nobelpreis für Physik für seine Untersuchung der Atomstruktur und der entsprechenden Strahlungen. Wenige Monate vor der Preisverleihung kam sein Sohn Aage Bohr zur Welt, der 1975 für seine Arbeit zum Atomkern ebenfalls den Physik-Nobelpreis erhielt. Kommen wir nun zu zwei besonders drolligen Anekdoten.

Als Schüler wurde Niels Bohr von seinem Physiklehrer gefragt, wie man mithilfe eines Barometers die Höhe eines Hochhauses misst. Bohr schlug vor, es aus dem Fenster zu werfen und zu messen, wie lange es braucht, bis es auf dem Boden aufschlägt. Bohr forderte dafür die Bestnote ein, während der Lehrer ihn mit einem Ungenügend abspeisen wollte. Verärgert berief der Lehrer einen Kollegen zum Schiedsrichter. Dieser war kein anderer als Ernest Rutherford, seinerseits Träger des Physik-Nobelpreises 1908, und sehr beeindruckt von Bohrs Einfallsreichtum und der Beharrlichkeit, mit der er sich weigerte, die barometrische Höhenformel zu benutzen, und lieber einen völlig anderen Lösungsweg suchte.

In späteren Zeiten hing über Bohrs Haustür ein Hufeisen. Wenn Besucher sich wunderten, dass ein Wissenschaftler so abergläubisch war, antwortete er einfach: »Ich glaube ja nicht daran, aber angeblich bringt es Glück, ob man nun daran glaubt oder nicht …«

Da haben wir also gleich zwei falsche Anekdoten auf einmal!

Die Geschichte mit dem Barometer geht auf einen Witz zurück, der unter Physikern kursierte (eine der diversen Spuren davon findet sich zum Beispiel im *Reader's Digest* 1958); er soll zeigen, dass sich ein Problem auf unterschiedliche Weise lösen lässt und man sich nie ganz auf eine einzige Methode verlassen soll. Zwar legt das Barometer nahe, die Höhenformel zu verwenden, aber schließlich ist das Gerät nicht nur ein Messinstrument für den Luftdruck, sondern auch ein Gegenstand, der sich werfen lässt. Eigentlich praktiziert hier jemand *thinking outside the box*, den Blick über den Tellerrand, wählt also nicht einfach konventionell den Lösungsweg, den die Aufgabe in ihrer Formulierung vorgibt. Für sich genommen ist diese Geschichte ein lehrreiches Plädoyer dafür, uns nicht durch die Vorgaben einer Frage festnageln zu lassen. Außerdem macht sie klar, dass es, wie auch in der Mathematik, für eine Aufgabe immer verschiedene Lösungswege gibt: Der Gelehrte strebt dann im Namen der Ästhetik nach größtmöglicher Eleganz.

Bohr wurde diese an sich schon lehrreiche Geschichte aber aus einem anderen Grund angedichtet. Es ging um das bei seinen Lehrern unverstandene Genie, ein Gefühl, das alle Schüler kennen, wenn sie äußern: »Das ist nicht meine Schuld, der Lehrer kann mich einfach nicht leiden.« Die Bedeutung ist also eine andere, wenn auch genauso lehrreich. Abgesehen von der Frechheit des Schülers wird hier vor allem klargemacht, dass sich über naturwissenschaftliche Methoden streiten lässt, und das in der Physik, der Biologie oder der Mathematik. In den angeblich so harten Naturwissenschaften neigen wir zu oft dazu, nur eine einzige Perspektive zuzulassen, eine Form der absoluten Wahrheit. Dabei ist es wichtig, äußern zu können, wenn man mit einer Methode oder gar einem Ergebnis nicht einverstanden ist. Viele große mathematische Fortschritte verdanken wir einem Vorgehen, bei dem die gültige Theorie hinterfragt wurde, so etwa bei der Null,[2] der Imaginären Zahl[3] oder den irrationalen Zahlen.

Auch die Geschichte mit dem Hufeisen geht auf einen Witz zurück. Werner Heisenberg, Träger des Physik-Nobelpreises 1932, schreibt, Bohr habe ihm die Sache 1927 folgendermaßen geschildert:

> »In der Nähe unseres Ferienhauses in Tisvilde wohnt ein Mann, der hat über der Eingangstür seines Hauses ein Hufeisen angebracht, das nach einem alten Volksglauben Glück bringen soll. Als ein Bekannter ihn fragte: ›Aber bist du denn so abergläubisch? Glaubst du wirklich, daß das Hufeisen dir Glück bringt?‹, antwortete er: ›Natürlich nicht; aber man sagt doch, daß es auch dann hilft, wenn man nicht daran glaubt.‹«[4]

Es handelt sich gewissermaßen um eine humorvolle Umdeutung der Pascal'schen Wette. Amüsant ist außerdem die Aussage des Physikers Samuel Goudsmit, Mitbegründer des Gedankens vom Elektronenspin, Heisenbergs Bericht könne nicht wahr sein. Denn Goudsmit beteuert,[5] er selbst habe diese Geschichte Bohr erzählt, als der ihn 1954 im Brookhaven National Laboratory besuchte, wo Goudsmit arbeitete; und er selbst habe sie wiederum 1941 von dem Wissenschaftshistoriker Bernard Cohen gehört.

Es lässt sich also kaum sagen, wer wann was von wem gehört hat; entscheidend ist aber, dass diese Geschichte, die anfangs als Witz entstand und erzählt wurde, später als wahre Begebenheit Niels Bohr zugeschrieben und endlos wiederholt wurde. Zahlreiche Intellektuelle nämlich[6] kommentierten sie und sahen darin ein Beispiel, dass auch die größten Gelehrten nur irrationale Menschen sind. Eigentlich erstaunlich, dass Intellektuelle auf diese Geschichte hereingefallen sind, die doch recht unglaubwürdig ist. Eigentlich müssten wir als Leser schon mit einem Minimum an Skepsis kritisch aufhorchen.

Warum aber wurden diese Anekdoten gerade Niels Bohr zugeschrieben? Wahrscheinlich, weil er schon immer seine Neigung zur Poesie offengelegt hatte und Goethe oder Ibsen rezitieren konnte wie ein Theaterschauspieler.[7] So kommt es, dass man einem grandiosen Naturwissenschaftler die Eigenschaften eines weltvergessenen Dichters anhängen möchte, der sich nicht an das starre Schulsystem anpasst, der ein beinahe religiöses Verhältnis zur Welt pflegt und doch wieder rational denken kann, wenn er über seinen Gleichungen sitzt. Insgesamt zeigt sich in der Frechheit und in der angeblichen Irrationalität des Forschers ein romantischer Begriff von Naturwissenschaft.

Der Traum eines Lebens

Dmitri Mendelejew ist bekannt für eine großartige Entdeckung: das Periodensystem der Elemente (PSE), das in jeder Schule im Physik- oder Chemiesaal hängt.

Der Legende nach soll Mendelejew am 17. Februar 1869 bei Musik eingeschlafen sein und im Traum gesehen haben, wie im Takt dieser Musik periodische Elemente herumschwebten. Innerhalb eines Tages soll er es dann niedergeschrieben haben. Als Quelle dafür wird am häufigsten der russische Wissenschaftsphilosoph Bonifati Kedrow genannt, der 1957 in einem Artikel über die Kreativität in der Wissenschaft ein Zitat von Mendelejews Freund Alexander Inostranzew wiedergibt:

> »Drei Tage und drei Nächte lang ging Mendelejew nicht schlafen, sondern arbeitete am Schreibtisch, versuchte die Ergebnisse seines mentalen Konstrukts in einer Tabelle zusammenzufassen, aber seine Bemühungen blieben scheinbar fruchtlos. Von extremer Müdigkeit geplagt, legte er sich schließlich nieder und schlief auf der Stelle tief ein. Über das Folgende berichtete er Inostranzew mehrmals: ›Ich sah im Traum eine Tabelle, in der alle Elemente ihren ordentlichen Platz einnahmen. Gleich beim Erwachen schrieb ich das auf ein Stück Papier – und nur an einer einzigen Stelle musste ich später eine Korrektur anbringen.‹«[8]

Mendelejew selbst schrieb nie über diese Begebenheit, und das berühmte Stück Papier wurde nie gefunden; berufen kann man sich also ausschließlich auf die sekundäre Quelle Inostranzew. Alexander Alexandrowitsch Inostranzew ist ein russischer Geologe und Paläontologe und ein Freund Mendelejews. Er bezeugt diese Geschichte mehrere Jahre später, vielleicht sogar erst nach dem Tod Mendelejews.

An dieser Stelle muss ich einräumen, dass ich zwar (soweit meine begrenzten Möglichkeiten es erlauben) in russischen Veröffentlichungen recherchiert, den entsprechenden Beleg aber nicht gefunden habe; es bräuchte also eine vertiefte Archivsuche, die ich aber nicht leisten kann. Kedrow wiederum konsultierte zwar das Archiv im Mendelejew-Museum der Universität Sankt Petersburg, aber sein Artikel von 1957 nennt keinen Verweis darauf, wo Inostranzew diese Zeilen festgehalten hat.

Ins Auge fällt jedenfalls als Erstes, dass der Bericht leicht zur Übertreibung neigt: drei schlaflose Nächte, eine einzige Korrektur nach dem Traum ... Ob es diesen Traum gegeben hat oder nicht, sicher ist nur, dass Mendelejew die Tabelle nicht in einem einzigen Geistesblitz gefunden hat: Er hat Jahre der Forschung darauf verwendet, nicht nur, um die »Form« der Tabelle zu entwickeln, sondern insbesondere auch, um die Eigenschaften der damals bekannten Elemente zu erarbeiten. Zudem war Mendelejew keineswegs der Einzige, der an diesem Thema arbeitete,[9] sondern es lag in den 1860er-Jahren gleichsam in der Luft.

Erzählungen dieser Art gibt es übrigens mehrfach:[10] Friedrich August Kekulés Traum von einer Schlange, die sich in den Schwanz beißt, woraufhin er die Benzolformel entwickelte, Nikola Tesla, der in einem Budapester Park eine Melodie hörte und auf der Stelle das Modell seines künftigen Elektromotors auf den Boden zeichnete, Henri Poincaré, dem die Lösung zu einem mathematischen Problem einfällt, als er bei einem Ausflug nach Coutances eben den Fuß aufs Trittbrett eines Autobusses setzt ... Wir schließen daraus, dass der geniale Einfall jederzeit kommen kann und dass auch wir möglicherweise mit einem Buch unter dem Kopfkissen, das über Nacht unser Gehirn durchdringt, am nächsten Morgen mit einem Geistesblitz aufwachen könnten (oder zumindest mit einer guten Note in einer Prüfung).

Die Wirklichkeit ist deutlich prosaischer: Selbst wenn wir gerne an all diese Geschichten und auch an die Träume glauben, sollten wir uns doch klarmachen, dass Mendelejews Geistesblitz in erster Linie nicht auf einen Traum folgte, sondern vor allem auf jahrelange Forschung. Für die allermeisten Menschen ist das das Entscheidende. Für große Gelehrte, die vom Nobelpreis träumen, hat der Schlaf vielleicht weitere Tugenden, doch auch die hätte er nicht, wenn sie nicht mit vollem Einsatz an ihrer Forschung arbeiten würden.

Im Übrigen meint man manchmal bei diesen Gelehrten die Neigung zu spüren, den Geniestreich von Grund auf zu erfinden, um aufzufallen (was zugegebenermaßen recht gut funktioniert) und erst recht als Genie wahrgenommen zu werden. Gerade der Fall Nikola Tesla zeugt vom Pathos dessen, der, ja, ein Genie ist, aber eben auch unbedingt als Genie wahrgenommen werden will, weshalb er 1919 eine sehr selbstbeweihräuchernde Autobiographie verfasst. Darin geht er so weit, dass letztlich sogar die Glaubwürdigkeit leidet:

> »Ich werde es stets bedauern, dass ich damals nicht unter der Beobachtung von Experten der Physiologie und der Psychologie stand. Ich klammerte mich verzweifelt an das Leben, erwartete aber niemals eine Heilung. Kann irgendjemand sich vorstellen, dass ein so hoffnungsloses körperliches Wrack jemals in einen Mann von erstaunlicher Stärke und Zähigkeit verwandelt werden könnte, der achtunddreißig Jahre fast ohne einen Tag Unterbrechung arbeiten kann und sich stark und frisch an Körper und Geist fühlt? Bei mir ist das der Fall. [...] In meinem Fall war es ein heiliger Schwur, eine Frage auf Leben und Tod. Ich wusste, dass ich untergehen würde, wenn ich keinen Erfolg haben würde. Jetzt fühlte ich, dass die Schlacht gewonnen war. Tief im Inneren meines Gehirns lag die Lösung verborgen, aber ich konnte ihr noch nicht Ausdruck verleihen. An einem Nachmittag, der immer in meiner Erinnerung bleiben wird, machte ich einen Spaziergang im City Park und rezitierte Gedichte. In dem Alter kannte ich ganze Bücher auswendig, Wort für Wort. Eines davon war Goethes *Faust*. Die Sonne ging langsam unter und erinnerte mich an die brillante Passage:
>
> ›Sie rückt und weicht, der Tag ist überlebt,
> Dort eilt sie hin und fördert neues Leben.

Oh, dass kein Flügel mich vom Boden hebt
Ihr nach und immer nach zu streben!
Ein schöner Traum, indessen sie entweicht,
Ach, zu des Geistesflügeln wird so leicht
Kein körperlicher Flügel sich gesellen!‹

Als ich diese inspirierenden Worte sprach, kam die Idee wie ein Blitz daher, und augenblicklich quoll die Wahrheit hervor. Ich malte mit einem Stock die Diagramme in den Sand, die ich 6 Jahre später in meiner Rede vor dem American Institute of Electrical Engineers gehalten habe, und mein Begleiter verstand sie genau. Die Bilder, die ich sah, waren wundervoll scharf und klar und sie hatten die Festigkeit von Metall und Stein, und zwar derart, dass ich ihm sagte: ›Sieh meinen Motor hier.‹ Ich kann meine Empfindungen nicht beschreiben, ein wieder zum Leben erweckter Pygmalion, als er seine Statue sah, hätte nicht tiefer bewegt sein können. Tausend Naturgeheimnisse, über die ich zufälligerweise hätte stolpern können, hätte ich eingetauscht für das eine, das ich ihr gegen alle Widerstände und unter der Gefahr meines Lebens entrissen habe.«[11]

Die Erzählung strotzt derart von Selbstgefälligkeit, dass es schwerfällt, das Wahre vom absichtlich Mythifizierten zu trennen …

Femme de lettres – typisch Frau

Den Namen Émilie du Châtelet kennt heute nur noch, wer sich für Naturwissenschaften oder für die Literaturgeschichte interessiert. Und selbst da gilt sie vorrangig als Geliebte Voltaires, Übersetzerin Newtons, Sprachrohr Leibniz' oder auch nur als einfache Schülerin großer französischer Naturwissenschaftler wie Maupertuis (dessen Geliebte sie war) und Clairaut. Eigentlich kennt man sie also nur über die Männer, die entweder ihre Lehrer oder ihre Liebhaber waren. Heute dagegen gilt sie als *femme de lettres*: So erscheint sie in den Suchergebnissen auf Google, und der französische Wikipedia-Eintrag nennt sie als Erstes unter dieser Bezeichnung. Ein Beleg, welche Rolle man ihr im kollektiven Bewusstsein zuschreibt.

Eine *femme de lettres* nennt man eine Frau, die schreibt, ohne aber Romanautorin (wie Madame de La Fayette) zu sein, noch Dichterin (wie Emily Dickinson), noch Philosophin (als die Hypatia gilt, siehe Kapitel 6). Eher denkt man an eine Frau wie Madame de Sévigné, die zu Themen von soziologischem oder rein literarischem Interesse angenehm schreibt, deren Werk aber doch eher als zweitrangig gilt.

Was aber hat nun Émilie du Châtelet geschrieben, was sie als *femme de lettres* qualifizieren würde? Folgende Schriften veröffentlichte sie zu Lebzeiten:[12]

- *Lettre sur les Éléments de la philosophie de Newton* (»Brief über die Elemente der Philosophie Newtons«), ein kurzer Artikel, in dem sie Voltaires Schrift *Éléments de la philosophie de Newton* vorstellt;
- *Dissertation sur la nature et la propagation du feu* (»Erörterung über die Natur und die Ausbreitung des Feuers«), eine Eingabe an die Königliche Akademie der Naturwissenschaften im August 1737;
- *Institutions de physique* (»Institutionen der Physik«), erschienen 1740;
- *Réponse de Madame *** à la Lettre que M. de Mairan, Secrétaire perpétuel de l'Académie Royale des sciences, lui a écrite le 18 février 1741, sur la question des forces vives* (»Madame ***s Antwort auf den Brief von Monsieur de Mairan, Ständiger Se-

kretär der Königlichen Akademie der Naturwissenschaften, vom 18. Februar 1741, über die Frage der Lebendigen Kraft«), Antwort auf eine Auseinandersetzung mit Jean-Jacques Dortous de Mairan von der Akademie der Wissenschaften über einen bestimmten Punkt der *Institutions de physique*;
- *Mémoire touchant les forces vives adressé en forme de Lettre à M. Jurin* (»Erörterung zur Lebendigen Kraft, in Briefform an Monsieur Jurin gerichtet«), polemische Abhandlung von 1744 zum selben Thema.

Es handelt sich bei all diesen Titeln um naturwissenschaftliche Abhandlungen, und das Etikett *femme de lettres* müsste wohl besser dem einer »Gelehrten«, einer »Naturwissenschaftlerin« oder einer »Physikerin« weichen. Zumal sich unter ihren posthum veröffentlichten Werken etwa die *Principes mathématiques de la philosophie naturelle* (»Mathematische Prinzipien der Naturphilosophie«) finden, eine Übersetzung von Newtons *Principia mathematica* samt einleitenden Texten und Kommentaren zu Newtons Weltsystem. Daneben hat sie in der Tat noch die *Réflexions sur le bonheur* (»Rede vom Glück«) verfasst, erschienen erstmals 1796, also fast ein halbes Jahrhundert nach ihrem Tod. Sollte dieser posthume Band genügen, um ihr naturwissenschaftliches Werk auszulöschen?

Zu ihren Lebzeiten hing Émilie du Châtelets Anerkennung als Naturwissenschaftlerin immer am seidenen Faden. Sie korrespondierte zwar mit den angesehensten Physikern ihrer Zeit: Maupertuis, Clairaut, Euler, Musschenbroek, 's Gravesande, Jurin, Jacquier, Cramer, Wolff[13] … Doch lediglich Dortous de Mairan behandelte sie ganz auf Augenhöhe und ließ sich auf die Auseinandersetzung ein, in der Émilie du Châtelet ihre Antwort verfasste. Allerdings war Dortous de Mairan weder ein »großer« Mathematiker noch Philosoph, und sein Einfluss war damals bereits im Schwinden begriffen.[14] Die anerkannteren Akademiker und Gelehrten, die zwar auch regelmäßig mit ihr korrespondierten, betrachteten sie aber häufig als schlichte Amateurin – und bestenfalls als Übersetzerin.

Dabei war ihre Newton-Übersetzung – für die sie bis heute am besten bekannt ist – nicht einfach nur eine Übersetzung. Im Lauf ihrer sorgfältigen Überprüfung von Newtons Berechnungen äußert sie die Hypothese, dass die Erdachse geneigt ist, was Newton übersehen hatte und was erst später von Laplace bestätigt wurde. Auch ihre *Institutions de physique* sind nicht einfach ein Sammelwerk, sondern eine durchdachte Darstellung des zeitgenössischen Wissens mit dem erklärten Willen, die damals kontrovers diskutierten Theorien einander gegenüberzustellen. Dieses Werk wurde dann auch kaum drei Jahre nach seiner Veröffentlichung ins Italienische übersetzt und brachte seiner Autorin weitere drei Jahre später eine Wahl in die Accademia di Bologna ein. Warum gerade Bologna? Weil das damals die einzige Akademie in Europa war, die Frauen offenstand. Und die Augsburger *Pinacotheca Scriptorum*, eine Art Who's Who der zeitgenössischen Wissenschaft, nennt sie 1745 unter den zehn berühmtesten Gelehrten Europas.[15]

Ihre *Dissertation sur la nature et la propagation du feu* erhielt zwar nicht den Preis, den die Académie des Sciences zum Thema ausgeschrieben hatte – er ging an drei Gelehrte, darunter Euler[16] –, wurde aber im Juni 1739 zusammen mit vier weiteren prämierten oder bemerkenswerten Texten von der Akademie veröffentlicht; 1752 folgte eine weitere Ausgabe. Damit war dieser Aufsatz der erste von der Akademie veröffentlichte Beitrag einer Frau. Eigentlich hatte Émilie du Châtelet übrigens gar nicht vorgehabt, ihn zu schreiben: Anfangs sah sie sich als Randfigur im Schatten Voltaires, der ebenfalls an dem Preisausschreiben teilnahm und einen *Essai sur la nature du feu et sur sa propagation* einreichte (der ebenfalls nicht prämiert wurde). Dann aber, schreibt sie:

»Die Arbeit von Monsieur de Voltaire, die beinahe abgeschlossen war, bevor ich meine auch nur begann, weckte in mir einige Überlegungen, und mich überkam die Lust, es ihm nachzutun; ich begann zu arbeiten, ohne zu wissen, ob ich meine Erörterung einreichen würde, und Monsieur de Voltaire erzählte ich davon nichts, weil ich vor seinen Augen nicht über ein Unterfangen erröten wollte, von dem ich befürchtete, es würde ihm missfallen. Außerdem zweifelte ich in meiner Arbeit fast alle seine Gedanken an, und so gestand ich es ihm erst, als ich im Mitteilungsblatt sah, dass weder er noch ich den Preis erhalten hatten.«[17]

Ihre Abhandlung schrieb sie also in Eile und in regelmäßiger Nachtarbeit, um das Einsendedatum einzuhalten. Interessant ist die harsche Kritik des Journalisten Pierre-François Guyot Desfontaines an Voltaires Beitrag:

»Die willkürlichen Erklärungen [über das Löschen des Feuers] und mehrere ähnliche können den Gedanken bestärken, dass Poesie und Physik durch eine starke Analogie verbunden sind. Soll man sich wundern, dass ein Poet zum Physiker geworden ist? Im Übrigen findet sich ein Gutteil der merkwürdigen Beobachtungen dieses *Essais* in der *Physik* von Monsieur Musschenbroek, deren Übersetzung durch Monsieur Massuet in Paris bei Briasson erhältlich ist.«[18]

Auch im 20. Jahrhundert wurde Voltaires Oberflächlichkeit belächelt, und zwar von dem großen Wirtschaftswissenschaftler Joseph Schumpeter.[19] Zurück zu Desfontaines, der sich über Émilie du Châtelets Arbeit äußerst lobend äußert:

»Welch weise Bemerkungen, welch feine Beobachtungen, welche Experimente, die praktisch die gesamte Physik umfassen, welche Ansichten, welche Prinzipien! Und welche Klarheit dabei, welche Methodik, welche Leichtigkeit in der Darstellung der Erkenntnisse!«[20]

Diese Komplimente gelten Émilie du Châtelets strenger wissenschaftlicher Methodik, in der sie es etwa auch wagt, Newtons Farbtheorie (siehe Kapitel 9) aufzugeben, sich also als echte Gelehrte zu verhalten, die ausgehend von ihrer umfassenden Kenntnis des zeitgenössischen Schrifttums ihre eigenen, originellen Überlegungen vorzulegen weiß.

Außerdem entwickelt Émilie du Châtelet in Anlehnung an Leibniz eine ausgesprochen moderne Wissenschaftsphilosophie, wie sie in Frankreich eine völlige Neuheit war; deren Grundgedanke lautet, dass es in den Naturwissenschaften keine absolute Wahrheit gibt, die sich entdecken lässt, sondern lediglich eine mehr oder weniger große Wahrscheinlichkeit, die Natur entziffern zu können:

»Die eigentlichen Ursachen für die beobachtbaren natürlichen Wirkungen und Phänomene sind häufig so weit entfernt von den Prinzipien, auf die wir uns stützen, und von den Versuchen, die wir durchführen können, dass wir gezwungen sind, uns zu ihrer Erklärung mit wahrscheinlichen Gründen zu begnügen. Wahrscheinlichkeiten sind demnach in den Naturwissenschaften nicht abzulehnen; nicht nur weil sie häufig für die Praxis von großem Nutzen sind, sondern auch weil sie den Weg vorzeichnen, der zur Wahrheit führt.«[21]

Bemerkenswerterweise wurde dieser Abschnitt vom Beginn des Kapitels »Hypothèses« in den 1740 erschienenen *Institutions de physique* im Jahr 1766 praktisch Wort für Wort für den Artikel »Hypothèse« in der berühmten, von Diderot und d'Alembert herausgegebenen *Enzyklopädie* wiederverwendet, obendrein gleich zu Beginn des Artikels und ohne einen Verweis auf Émilie du Châtelet.[22]

Dass aber ihre *Institutions de physique*, wenn auch ohne Namensnennung, am Ende des Artikels genannt werden, zeigt dennoch, wie bekannt und wie anerkannt ihr Werk damals war. So ist sie denn heute, wenn überhaupt, bestenfalls als *femme de lettres* bekannt und schlimmstenfalls als Geliebte Voltaires: also entweder als Schatten ihrer selbst (so wie Hypatia aus Kapitel 6) oder in ihrer Eigenschaft als Frau an der Seite eines berühmten Mannes.

In der Geschichte gab es viele Wissenschaftlerinnen mit einem ähnlichen Schicksal (denken wir etwa an Sophie Germain); andere wurden zu Mystikerinnen erklärt, obwohl sie echte Wissenschaftlerinnen waren (wie zum Beispiel Hildegard von Bingen[23]), noch andere blieben im Schatten ihres Ehemannes oder eines Mitarbeiters[24] (Ada Lovelace mit Charles Babbage oder Marie-Anne Pierrette Paulze, Gattin von Lavoisier). Abgesehen von Marie Curie (siehe Kapitel 3), deren Leistung schwer zu verbergen war (obwohl es versucht wurde), wurden die meisten anderen Wissenschaftlerinnen mit einem Federstrich aus dem Gedächtnis getilgt – und der Fall von Émilie du Châtelet zeigt dabei exemplarisch einige typische Mechanismen auf.

Eben deshalb war auch, wie sie aus eigener Erfahrung schrieb, das Studium der beste Weg, um sich selbst zu befreien und glücklich zu werden:

> »Es ist gewiß, daß die Liebe zur Wissenschaft den Männern zu ihrem Glück weit weniger notwendig ist als den Frauen. Männer haben unendlich viele Quellen des Glücks, die den Frauen versagt sind. Sie verfügen über ganz andere Möglichkeiten, Ruhm zu erlangen, und der Ehrgeiz, die eigene Begabung in den Dienst seines Landes zu stellen und seinen Mitbürgern zu dienen – sei es durch Geschicklichkeit in der

Kriegskunst oder durch Begabung für den Staatsdienst oder Unterhandlungen –, steht gewiß weit höher als derjenige, den man in die Liebe zur Wissenschaft setzen kann; aber die Frauen sind aufgrund ihrer Lage von jeder Art ausgeschlossen, und wenn sich unter ihnen zufällig eine mit einer höhergesinnten Seele findet, dann bleibt ihr nur die Wissenschaft, um sich über all die Abhängigkeiten und Ausschlüsse hinwegzutrösten, zu denen sie durch ihre Lage verdammt ist.«[25]

Schlussbemerkung

»Wenn jemandem ein Sachverhalt vorgelegt wird, der gegen seinen Instinkt geht, so wird er ihn sorgfältig hinterfragen, und wenn es keine unwiderlegbaren Beweise dafür gibt, wird er sich weigern, es zu glauben. Wird ihm dagegen etwas vorgelegt, das ihm einen Grund gibt, gemäß seinen Instinkten zu handeln, so wird er es schon beim geringsten Beweis für bare Münze nehmen. So erklärt sich die Entstehung von Mythen.«[1]

Bertrand Russell

Die Geschichte der Naturwissenschaften kennt noch viele weitere Fälle von Lügen und Mythen. Wir haben sie außen vor gelassen, weil wir nicht auf Vollständigkeit aus waren, sondern Einzelfälle so vertiefen wollten, dass klar wird, wie und warum die Lüge entstanden ist, wie sie sich im kollektiven Bewusstsein festgesetzt hat und wie sie sich auf den Begriff von den Naturwissenschaften und der Wissenschaftsgeschichte auswirkt.

So haben wir nicht alle Naturwissenschaftlerinnen genannt, die um ihre Entdeckungen gebracht wurden, weil wir uns auf die bekanntesten Fälle konzentrieren wollten, auf Frauen, bei denen es für die Wissenschaftsgeschichte am meisten ins Gewicht fällt, dass sie vergessen wurden oder ihr Gedächtnis verändert wurde.

Auch Gelehrte von außerhalb des westlichen Kulturraums standen nicht im Fokus, nicht aus Eurozentrismus, sondern einfach deswegen, weil in diesem Buch, wie gesagt, die Lügen und ihre Auswirkungen untersucht werden sollten. Natürlich kann es sehr relevant sein, einen Gelehrten vorzustellen, den die

Leserinnen und Leser nicht kennen; um aber die Auswirkungen einer Lüge betrachten zu können, sollte man doch auf eine Legende zurückgreifen können, die allseits bekannt ist.

So lohnt sich etwa der Nachweis, dass es gelogen wäre – obwohl es in gewissen Kreisen durchaus verkündet wird –, Brahmagupta habe die Null *erfunden*, weil klar ist, dass er die Null nicht erfunden, sondern lediglich ihre arithmetischen Eigenschaften klar strukturiert hat; doch dieses Buch ist dafür ungeeignet, weil nur sehr wenige Menschen den Namen Brahmagupta überhaupt kennen und die Frage, ob man ihm nun die Vaterschaft an der Null zugesteht oder nicht, keinerlei Auswirkungen auf das populäre Allgemeinwissen hat, das ohnehin eher davon ausgeht, dass unsere Zahlen »arabisch« sind und nicht »indisch«.

Themen und Protagonisten wurden also so ausgewählt, dass diese großen Legenden und kleinen Lügen in ausreichender Vielfalt zur Sprache kommen (viele Lügen und Mythen ähneln sich nämlich stark, weshalb wir es für irrelevant halten, sie einzeln auszuführen), um zu zeigen, wie das populäre Allgemeinwissen zur Wissenschaftsgeschichte sich daraus gespeist hat.

Methodisch haben wir uns an den Worten Wittgensteins orientiert, die als Motto vor diesem Text stehen: die Quelle des Irrtums aufzudecken und den Weg vom Irrtum zur Wahrheit zu finden. Deshalb greifen wir stets auf die ursprünglichen Quellen zurück, und zwar bewusst im direkten Zitat und nicht nur in einem Kommentar, um diese geistigen Konstrukte sichtbar zu machen und allen Einwänden zuvorzukommen, wir hätten womöglich die Wahrheit verdreht.

Denn es gibt zu viele populärwissenschaftliche Bücher zu Naturwissenschaften und Geistesgeschichte, ja insgesamt zu viele Sachbücher, die selbst keine Quellen zitieren, sondern auf Werke zurückgreifen, die sich auf andere Werke stützen, in denen wiederum Quellen zitiert werden, die in diesem verlegerischen Hin und Her verändert oder gar verfälscht wurden; ganz zu schweigen von den Büchern, die Legenden wiedergeben, ohne überhaupt danach zu fragen, ob sie einen wahren Kern enthalten.

Diese Legenden und falschen Zitate, die in Büchern, Artikeln, im Internet und in den sozialen Medien allgegenwärtig sind, beschädigen unseren Begriff von der Naturwissenschaft und der Wissenschaftsgeschichte, schaden aber auch der Gesellschaft. Jede Demokratie muss auf kritischem Hinterfragen gründen;[2] sonst werden so viele falsche Zitate gelikt, Fake News weitergeleitet und falsche Begründungen wiedergegeben, dass am Ende die Befähigung der Bürger leidet, auf ihre Demokratie einzuwirken, dass wir uns am Ende um das Recht auf vernünftige Argumentation bringen, weil wir so mit diesen Legenden zugemüllt sind, dass wir in jede beliebige Unterhaltung einwerfen können: »Auch Einstein war schließlich ein Schulversager, also was wollt ihr …«, oder: »Wenn es früher Frauen gegeben hätte, die gute Mathematikerinnen waren, wüsste man doch von ihnen, oder?«, oder: »Galilei hat sich mit der Wahrheit auch ganz allein gegen die ganze Welt gestellt, ihr könnt mich also ruhig zum Abschuss freigeben!«

Alle diese Behauptungen sind genauso Feinde der Demokratie wie Feinde der Naturwissenschaft und ihrer Geschichte. Deswegen scheint es mir wichtig – ganz abgesehen davon, dass es Spaß macht, was an sich schon ein sehr guter Grund ist –, diese Lügen aufzudecken. Gleichzeitig hoffe ich, meinen Leserinnen und Leser ein paar Werkzeuge und Reflexe an die Hand zu geben. Dennoch wird dieses kleine Buch wohl kaum verhindern, dass die falschen Legenden weiterhin im Umlauf sind, denn all diese Mythen haben eines gemeinsam: Wir wollen an sie glauben. Wie notierte doch Mark Twain:

> »Wie leicht es doch ist, die Leute dazu zu bringen, an eine Lüge zu glauben, und wie schwer es ist, diese Arbeit wieder rückgängig zu machen!«[3]

Anmerkungen

1 Johann Wolfgang Goethe, *Maximen und Reflexionen*, in: *Goethe's Werke*. Vollständige Ausgabe letzter Hand, Bd. 49, Stuttgart und Tübingen: Cotta'sche Buchhandlung 1833, S. 42.

2 Ludwig Wittgenstein, *Bemerkungen über Frazers »The Golden Bough«*, 1. Teil, Wittgenstein-Nachlass Ts-211.

1 Ein kleiner Schlag auf den Kopf, eine große Theorie für die Menschheit

1 George Gordon Byron, *Don Juan* (1824), 10. Gesang, 1, in: *Lord Byron's Werke*, übers. v. Otto Gildemeister, Bd. 6, Berlin/Boston: De Gruyter 1903 (Reprint 2019), S. 93.

2 Mr de Voltaire [sic], *An Essay Upon the Civil Wars of France, Extracted From Curious Manuscripts*, London: Samuel Jallasson 1727, S. 104 (Übersetzung Elsbeth Ranke).

3 Originalmanuskript: William Stukeley, *Memoirs of Sir Isaac Newton's Life*, 1752, S. 14–16 (Übersetzung Elsbeth Ranke).

4 John Conduitt u. a., *The Portsmouth Manuscripts*, King's College Library, Cambridge, zit. n. Richard G. Keesing, »The History of Newton's Apple Tree«, in: *Contemporary Physics*, 1998, Bd. 39, Nr. 5, S. 379 (Übersetzung Elsbeth Ranke).

5 John Conduitt, Keynes MS 130.4, King's College Library, Cambridge, S. 10–12, zit. n. ebd.

6 Newton's Waste Book, MS Add. 4004, Cambridge University Library. Mehr zu den Inhalten dieses Heftes mit Bezug zur Gravitation bei John William Herivel, »Newton's Discovery of the Law of Centrifugal Force«, in: *Isis*, Bd. 51, Nr. 4, 1960, S. 546–553.

7 Newton nannte sie Fluxionenmethode.

8 Gottfried Wilhelm Leibniz, »Nova Methodus pro Maximis et Minimis«, in: *Acta Eruditorum*, Oktober 1684, S. 467–473.

9 Vgl. Stephen Hawking, »Préface«, in: Isaac Newton, *De philosophiae naturalis principia mathematica*, hrsg. v. Marie-Françoise Biarnais, Paris: Ch. Bourgois 1985, S. 12–13 (Übersetzung Elsbeth Ranke).

10 »In literis quæ mihi cum Geometra peritissimo G. G. Leibnitio annis abhinc decem intercedebant [...] rescripsit Vir Clarissimus se quoq; in ejusmodi methodum incidisse, & methodum suam communicavit a mea vix abludentem præterquam in verborum & notarum formulis.« Aus: Issac Newton, *Philosophiae naturalis principia mathematica*, liber ii, sect. II, Lemma II, Scholium, London: Royal Society 1684.

11 Vgl. Bernard Cohen, »A Guide to Newton's Principia«, in: Isaac Newton, *The Principia. Mathematical Principles of Natural Philosophy*, übers. v. Bernhard Cohen, Ann Whitman, Berkeley u. a.: University of California Press 1999, S. 24.

12 Sowie Christopher Wren.

13 Vgl. Bernard Cohen, »A Guide to Newton's Principia«, (s. Anm. 11), S. 16.

14 Ebd., S. 48–49.

15 Aristoteles, »Metaphysik«, 1, 982b, in: Horst Seidl (Hrsg.), *Aristoteles' Metaphysik*, übers. v. Hermann Bonitz, Hamburg: Meiner, 3. Auflage 1989, Bd. 1,1, S. 13.

16 Platon, *Theaitetos (De Scientia)*, 174a.

17 https://www.york.ac.uk/physics-engineering-technology/about/newtons-apple-tree/ (Zugriff: Februar 2025, Übersetzung Elsbeth Ranke).

18 Alexis Clairaut, »Exposition abrégée du système du monde, et explication des principaux phénomènes astronomiques tirée des Principes de M. Newton«, Beilage zu : Isaac Newton, *Principes mathématiques de la philosophie naturelle*, übers. v. Emilie du Châtelet, Paris: Desaint & Saillant, Lambert 1756, Bd. 2, S. 6 (Übersetzung Elsbeth Ranke).

2 Heureka!

1 Alfred North Whitehead, *An Introduction to Mathematics*, New York: Henry Holt & Co. 1911, S. 40 (Übersetzung Elsbeth Ranke).

2 Plutarch, »Marcellus« 19, in: ders., *Gesamtausgabe*, Bd. 2: *Lebensbeschreibungen*, München: Wilhelm Goldmann 1964, S. 223.

3 Vitruv, »De architectura«, 9, 9, in: ders., *Zehn Bücher über Architektur*. Lateinisch und deutsch, übers. v. Curt Fensterbusch, Darmstadt: WBG, 7. Auflage 2013, S. 407–409.

4 Károly Simonyi, *Kulturgeschichte der Physik. Von den Anfängen bis 1990*, übers. v. Klara Christoph, Frankfurt am Main: Thun, 2. Auflage 1995, S. 90 f.

5 Archimedes, »Über schwimmende Körper«, Buch 1, Satz 2, in: Thomas L. Heath (Hrsg.), *Archimedes' Werke*, übers. v. Fritz Kliem, Berlin: O. Häring 1914, S. 371.

6 Der genaue Satz lautet: »Δός μοι ποῦ στῶ, καὶ τὴν γῆν κινήσω«, das heißt: »Gib mir, wo ich fest stehen kann, und ich bewege die Erde«, vgl. Paul Ver Eecke, »Note sur une interprétation erronée d'une sentence d'Archimède«, in: *L'Antiquité classique*, Bd. 24, Heft 1, 1955, S. 132 (Übersetzung Elsbeth Ranke).

7 Vgl. Roshdi Rashed (Hrsg.), *Les Catoptriciens grecs*, Paris: Les Belles Lettres 2002, S. XVII.

8 Pappus d'Alexandrie, *La Collection mathématique*, VIII, IX, übers. v. Paul Ver Eecke, Paris: Desclée de Brouwer 1933, Bd. 2, S. 836.

9 Bei Diodor heißt es: »Die Menschen bewässern mühelos das Land mit einer Maschine, die von Archimedes aus Syrakus erfunden wurde und wegen ihres Aussehens Schnecke heißt.« Zit. n.: Siculus Diodorus, *Griechische Weltgeschichte*, Bd. 1, Stuttgart: Hiersemann 1992, S. 62. Das griechische Wort, das üblicherweise mit »Schnecke« übersetzt wird, lautet »κοχλίας« und bezeichnet die Spiralschnecke; die latinisierte Form »cochlea« steht etwa bei Vitruv. Zur Technik der archimedischen Schraube und den griechischen Quellen dazu vgl. Michel Casevitz, »Les utilisations de l'eau dans les techniques en lisant Diodore de Sicile, Strabon et Pausanias«, in: *L'Homme et l'eau en Méditerranée et au Proche-Orient*, Bd. 3: *L'eau dans les techniques. Séminaire de recherche 1981–1982*, Lyon: Maison de l'Orient et de la Méditerranée Jean-Pouilloux 1986, S. 15–19.

10 Vitruv, »De architectura«, 10, 6 (s. Anm. 3), S. 485–489.

11 Vitruve, *De l'architecture*, hrsg. v. Pierre Gros, Paris: Les Belles Lettres 2015, S. 670, Anm. 51.

12 Teilweise griechisch, teilweise in einer arabischen Übersetzung, vgl. Archimède, »Stomachion«, in: ders., *Œuvres*, Bd. 3, übers. v. Charles Mugler, Paris: Les Belles Lettres 2002, S. 69.

13 Ausonius, »Cento nuptialis«, 17–20, in: Paul Dräger (Hrsg.), *Decimus Magnus Ausonius. Sämtliche Werke*, Bd. 2: *Trierer Werke*, Trier: Kliomedia, 2. Auflage 2016, S. 133.

14 Man nennt sie oft die »Exhaustionsmethode des Eudoxos«, denn Eudoxos von Knidos entwickelte ihre erste Hälfte; vervollständigt (und extrem wirkungsvoll gemacht) wurde sie aber von Archimedes.

15 Cicero, »Tusculanae disputationes«, 5, 65–66, in: Olof Gigon (Hrsg.), *Cicero. Gespräche in Tusculum*, Düsseldorf/Zürich: Artemis & Winkler 2003, S. 187.

16 Eric Temple Bell, *The Development of Mathematics*, New York/London: McGraw-Hill Book Co. 1945, S. 76 (Übersetzung Elsbeth Ranke).

3 Von der Forscherin zum Vorbild

1 Anfangs als Marie-Curie-Maßnahmen, 2014 umbenannt in Marie-Skłodowska-Curie-Maßnahmen.

2 https://projects.research-and-innovation.ec.europa.eu/en/horizon-magazine/what-did-marie-sklodowska-curie-ever-do-us (Zugriff: Februar 2025, Übersetzung Elsbeth Ranke).

3 So gibt es Comics von Alice Milani, Agnieszka Biskup, Céka und Yigaël, Renaud Huynh und Chantal Montellier und viele weitere.

4 So etwa der Titel Claudine Monteil, *Marie Curie und ihre Töchter. Drei Frauen, vier Nobelpreise*, übers. v. Ilona Zuber, Berlin: Insel 2023.

5 Elisabeth Motsch, *Marie Curie. Non au découragement*, Arles: Actes Sud 2016.

6 Irène Frain, *Marie Curie prend un amant*, Paris: Ed. Seuil 2015; Per Olov Enquist, *Blanche und Marie*, übers. v. Wolfgang Butt, München: Hanser 2005 und unzählige weitere.

7 Von dem amerikanischen Film *Madame Curie* von Mervyn LeRoy aus dem Jahr 1943 bis zu der britischen Produktion *Radioactive* (deutsch: *Marie Curie – Elemente des Lebens*) von Marjane Satrapi von 2019.

8 Octave Béliard, »Madame Pierre Curie«, in: *Les Hommes du jour*, 12. Februar 1910, Nr. 108, S. 4 (Übersetzung Elsbeth Ranke).

9 Nobel Archives, Center for History of Science, The Royal Swedish Academy of Sciences, Frescati.

10 Nämlich: General Bassot, H. Poincaré, E. Mascart, C. Wolf, M. Lévy, G. Lemoine, G. Lippmann, E. Picard, O. Callandreau, A. Haller, R. Radau, A. de Lapparent, E. Amagat, L. Cailletet, G. Humbert, S. Appell, G. Darboux, H. Deslandres, A. Lacroix.

11 Vgl. Karin Blanc, »Le couple Curie et les prix Nobel«, in: *Bibnum [online], Physique*, 2018.

12 Brief von Pierre Curie an Henri Poincaré, 25. Januar 1903, Archives Henri Poincaré, Nancy, zit. n. ebd. (Übersetzung Elsbeth Ranke).

13 *Le Petit Parisien*, 10. Januar 1904, S. 14 (Übersetzung Elsbeth Ranke).

14 Vgl. Liesl Goecker, »Indian media, Esther Duflo is not ›wife of‹; she's a Nobel laureate in economics«, in: *The Swaddle*, 15. Oktober 2019 (Übersetzung Elsbeth Ranke).

15 Octave Béliard, »Madame Pierre Curie« (s. Anm. 8), S. 2 (Übersetzung Elsbeth Ranke).

16 *Le Temps*, 4. November 1911, zit. n. Karin Blanc, »Marie Curie et le Nobel«, in: *Uppsala Studies in History of Science*, 1999, S. 60 (Übersetzung Elsbeth Ranke).

17 Vgl. Catherine Negovanovic, »Une ›étrangere‹ au Panthéon: De la ›cabale dreyfusarde‹ à la mythification de Marie Curie«, in: Elsa Chaarani Lesourd (Hrsg.), *Pleins feux sur les femmes (in)visibles*, 22.–23. November 2018, Nancy: Edition Universitaires de Lorraine 2021, S. 6 (Übersetzung Elsbeth Ranke).

18 Marie Curie, »Nobelvorlesung« (1911). Der Text findet sich auf der Website des Musée Curie oder unter https://www.nobelprize.org/prizes/chemistry/1911/marie-curie/lecture/ (Zugriff: Februar 2025, Übersetzung Elsbeth Ranke).

19 Die Träger des Physik- und Chemie-Nobelpreises haben das anerkannte Recht, Kandidaten für den Physik- und Chemie-Nobelpreis vorzuschlagen, was Marie Curie 1904 und 1910 auch tat.

20 Vgl. Antoine Houlou-Garcia, *La Politique. Manuel à l'usage des citoyens qui n'y comprennent plus rien*, Paris: Albin Michel 2022, S. 217 ff.

21 Vgl. Margaret Rossiter, *Women Scientists in America. Struggles and Strategies to 1940*, Baltimore: Johns-Hopkins Press 1982, S. 127.

22 Ebd.

23 Vgl. Gloria Lubkin, »Women in Physics«, in: *Today*, 24, 4, 1971, S. 23–27.

24 Vgl. Sally Gregory Kohlstedt, »Sustaining Gains. Reflections on Women in Science and Technology in 20th-century United States«, in: *NWSA Journal*, Bd. 16, Nr. 1, 2004, S. 1–26.

25 https://projects.research-and-innovation.ec.europa.eu/en/horizon-magazine/what-did-marie-sklodowska-curie-ever-do-us (Zugriff: Februar 2025, Übersetzung Elsbeth Ranke).

4 Ein Wohltäter der Menschheit und seine kleinen Experimente

1 Raymond Poincaré, »Discours prononcé par M. R. Poincaré, ministre de l'Instruction publique, aux obsèques de Louis Pasteur, le 5 octobre 1895«, in: *La Revue pédagogique*, Bd. 27, Juli–Dezember 1895, S. 289–294 (Übersetzung Elsbeth Ranke).

2 Sully Prudhomme, »Le Prisme. ›Sonnet à Pasteur‹«, in: *Œuvres de Sully Prudhomme, Poésies 1879–1888*, Paris: Lemerre 1888, S. 37. Deutsch etwa: »Die Krankheit, die düstere, tückische Feindin, / greift aus und lässt wüten ihre geballte Gewalt / durch die bittere, beharrliche Arbeit ihres lebenden Giftes. // Du aber stellst ihr die Falle, in die deine Fackel sie lockt; / Dein wendiges, starkes Genie, oh weiser Wohltäter, / wird dieser unsichtbaren Hydra zum neuen Herakles!« (Übersetzung Elsbeth Ranke).

3 Man denke etwa an Ptolemaios III. Euergetes und Ptolemaios VIII. Euergetes.

4 *Œuvres de Pasteur*, Bd. 6: *Maladies virulentes, virus-vaccins et prophylaxie de la rage*, Paris: Masson 1933, S. 335. Zit. n. Antonio Cadeddu, »Pasteur et la vaccination contre le charbon. Une analyse historique et critique«, in: *History and Philosophy of the Life Sciences*, Bd. 9, Nr. 2, 1987, S. 259 (Übersetzung Elsbeth Ranke).

5 Fonds Pasteur (1869), Registres de laboratoire, Heft 91 (10. November 1880 – 10. April 1882), S. 108–109, zit. n. ebd., S. 259–260.

6 *Œuvres de Pasteur*, S. 348. Zit. n. ebd., S. 260–261 (Übersetzung Elsbeth Ranke). Das lateinische Zitat stammt aus Vergil, *Aeneis*, 10, 284.

7 Statt eines ursprünglich vorgesehenen Schafs.

8 Er war zu jung, um dem Ereignis selbst beizuwohnen, konnte aber über sehr zutreffende Informationen verfügen, weil er wenige Jahre nach dem Ereignis am Institut Pasteur studierte, wo zahlreiche Mitarbeiter Pasteurs tätig waren, darunter auch Émile Roux.

9 Charles Nicolle, *Biologie de l'invention*, Paris: Alcan 1932, S. 64–65 (Übersetzung Elsbeth Ranke).

10 Vgl. Antonio Cadeddu, »Pasteur et la vaccination contre le charbon«, (s. Anm. 4), S. 264.

11 Vgl. Emile Lagrange, *Monsieur Roux*, Brüssel: Goemaere 1954, S. 43–44.

12 Vgl. Antonio Cadeddu, »Pasteur et la vaccination contre le charbon«, (s. Anm. 4), S. 266.

13 Diese Substanz hindert die Bakterie an der Ausbildung von Sporen, die ihr erlauben würden, unter ungünstigen Bedingungen in einem verlangsamten Stadium zu überleben.

14 Louis Pasteur, »Méthode pour prévenir la rage après morsure«, in: *Comptes rendus des séances de l'Académie des Sciences*, Bd. 101, 1885, S. 765–772.

15 Ebd., S. 770 (Übersetzung Elsbeth Ranke).

16 Sowie aus Spuren von Heu, Stroh und Holzsplittern in seinem Magen, was in der Tat auf die Präsenz des Tollwutvirus hinweisen kann, aber keinen eindeutigen Beweis darstellt.

17 Gerald L. Geison, *The Private Science of Louis Pasteur*, Princeton University Press 1995, S. 199–202.

18 Vgl. Philippe Decourt, »Précisions sur les premiers essais d'application à l'homme du vaccin de Roux-Pasteur contre la rage«, in: *Communication présentée à la séance du 23 janvier 1988 de la Societé française d'histoire de la médecine*, S. 31.

19 »Discussions sur les vaccinations antirabiques«, in: *Œuvres de Pasteur*, S. 761–897. Zit. n. ebd., S. 32 (Übersetzung Elsbeth Ranke).

20 Ebd. (Übersetzung Elsbeth Ranke).

21 Ebd. (Übersetzung Elsbeth Ranke).

22 Hier werden nicht alle Debatten angeführt, die Pasteurs Laufbahn begleiteten, und es soll vor allem um die Fälle Toussaint und Galtier gehen, die beide direkt mit Milzbrand und Tollwut verbunden sind, also mit den Krankheiten, um die es im vorliegenden Kapitel geht.

23 Vgl. Antoine Houlou-Garcia / Thierry Maugenest, *Une histoire de la manipulation par les chiffres de l'Antiquité à nos jours*, Paris: J'ai lu 2022, S. 232.

24 Henry Toussaint, »Procédé pour la vaccination des moutons et des jeunes chiens contre la maladie charbonneuse«, in: *Bull. Acad. Med.*, 9, 1880, S. 792–796.

25 Vgl. Nadine Chevallier-Jussiau, »Henry Toussaint and Louis Pasteur. Rivalry over a vaccine«, in: *Histoire des sciences médicales*, 44, 1, 2010, S. 55–64; vgl. auch Jean Théodoridès, »Quelques grands précurseurs de Pasteur«, in: *Histoire des sciences médicales*, 7, 1973, S. 336–343.

26 Vgl. Henri Tachoire, »Une polémique scientifique sur la vaccination contre la rage, Pierre-Victor Galtier et Louis Pasteur«, in: *Académie des Sciences, Lettres et Beaux-Arts de Marseille*, 2012.

27 »Ich habe Versuche vorgenommen, um einen Wirkstoff zu identifizieren, der das Tollwutvirus nach der Aufnahme in den Körper neutralisieren und damit das Auftreten einer Erkrankung verhindern kann; denn da ich nach meinen mikroskopischen Untersuchungen überzeugt war, dass eine zum Ausbruch gekommene Tollwut wegen der Läsionen, die sie in den Nervenzentren hervorruft, unheilbar ist und noch lange oder für immer bleiben wird, war ich der Meinung, dass die Entdeckung eines wirksamen Mittels zur Vorbeugung beinahe der Entdeckung einer kurativen Behandlung gleichkäme, vor allem wenn es auch einen oder zwei Tage nach dem Biss und nach der Inokulation des Virus tatsächlich zuverlässig wirkt.« Zit. n. Jean Théodoridès, *Histoire de la rage. Cave Canem*, Paris: Masson 1986 (Übersetzung Elsbeth Ranke).

28 Dort schreibt Galtier: »Die Milch von Kühen, die an fortgeschrittener Tuberkulose und an Euterentzündungen leiden, nicht zu verzehren und die Milch von verdächtigen Kühen abzukochen: dieses Verhalten ist dringend zu empfehlen.« Zit. n. Roland Rosset, »Pasteur et la rage. Le rôle des vétérinaires (Galtier et Bourrel en particulier)«, in: *Bulletin de l'Académie vétérinaire de France*, 138–4, 1985, S. 425–447 (Übersetzung Elsbeth Ranke).

29 Vgl. Muriel Gorrindot, *Priorité de Galtier dans la découverte du vaccin contre la rage et la stérilisation du lait et de ses dérivés par l'ébullition*, Doktorarbeit an der medizinischen Fakultät Xavier-Bichat, Université Paris-VII, 23. Oktober 1984.

30 Louis Pasteur, »Méthode pour prévenir la rage après morsure«, (s. Anm. 14), S. 772 (Übersetzung Elsbeth Ranke).

31 Für bezifferte Angaben vgl. »La rage et l'institut Pasteur«, in: *Journal de la société statistique de Paris*, Bd. 28, 1887, S. 182–184.

32 Louis Pasteur, »Méthode pour prévenir la rage après morsure«, (s. Anm. 14), S. 772 (Übersetzung Elsbeth Ranke).

33 Vgl. Maxime Schwartz, »Le vaccin qui fit la gloire de Pasteur«, in: *Les Tribunes de la santé*, Nr. 47, 2015, S. 30.

5 Und er neigt sich doch!

1 Albert Einstein, »Zur Methodik der theoretischen Physik« (1930), in: ders., *Mein Weltbild,* hrsg. v. Gerd Seelig, München: Europa Verlage 2021.

2 Vincenzo Viviani, »Racconto istorico della vita di Galileo«, in: *Le opere di Galileo Galilei,* Bd. 19, Florenz: Barbèra (Edizione Nazionale) 1907, S. 606 (Übersetzung Elsbeth Ranke).

3 Aristoteles, »Physik«, 215a, in: ders., *Werke in deutscher Übersetzung,* Bd. 11: *Physikvorlesung,* übers. v. Hans Wagner, Berlin: Akademie Verlag 1995, S. 100 ff.

4 Ebd., 216a.

5 Aristoteles, »Über den Himmel«, 6, 5, 313a–b, in: ders., *Werke in deutscher Übersetzung,* Bd. 12,3: *Über den Himmel,* übers. v. Alberto Jori, Berlin: Akademie Verlag 2009, S. 114–115.

6 Vgl. Carlo Rovelli, »Aristotle's Physics: A Physicist's Look«, in: *Journal of the American Philosophical Association,* Bd. 1, 2015, S. 28.

7 Giorgio Coresio, *Operetta intorno al galleggiare de corpi solidi,* Florenz: Bartolomeo Sermartelli 1612, S. 52. Leichter einzusehen ist dieser Text in: *Le opere di Galileo Galilei,* Bd. 4, Florenz: Barbèra (Edizione Nazionale) 1894, S. 242 (Übersetzung Elsbeth Ranke).

8 Auf Italienisch: »Erra«.

9 D. Benedetto Castelli, »Errori di Giorgio Coresi nella sua Operetta del galleggiare della figura, con correzioni ed aggiunte di Galileo«, in: *Le opere di Galileo Galilei,* Bd. 4, Florenz: Barbèra (Edizione Nazionale) 1894, S. 264 (Übersetzung Elsbeth Ranke).

10 Vincenzo Ranieri an Galileo, 13. März 1641, in: *Le opere di Galileo Galilei,* Bd. 18, Florenz: G. Barbèra (Edizione Nazionale) 1937, S. 305–306, Brief Nr. 4117 (Übersetzung Elsbeth Ranke). Der Jesuit ist Niccolo Cabeo.

11 Galileo Galilei, *Discorsi. Unterredungen und mathematische Beweisführungen zu zwei neuen Wissensgebieten,* übers. v. Ed Dellian, Hamburg: Meiner 2015, S. 210.

12 Ebd., S. 210–211.

13 Ebd., S. 210.

14 Zum Beispiel Nikolaus von Oresme, vgl. Edward Grant, *The Foundations of Modern Science in the Middle Ages. Their Religious, Institutio-*

nal, and Intellectual Contexts, Cambridge: Cambridge University Press 1996, S. 164–165.

15 Vgl. Walter R. Laird (Hrsg.), *The Unfinished Mechanics of Giuseppe Moletti*, Toronto: University of Toronto Press 2000, S. 150.

16 Immanuel Kant, Kritik der reinen Vernunft, 2. Auflage, Nachdruck, Hamburg: Meiner 1990, S. 19.

17 Galileo Galilei, *Discorsi*, (s. Anm. 11), S. 209.

18 Vgl. Lucio Russo, *Perché la cultura classica*, Mailand: Mondadori 2018.

19 Galileo Galilei, *Dialog über die beiden hauptsächlichsten Weltsysteme*, übers. v. Emil Strauß, Leipzig: Teubner 1891, S. 291–292.

6 Eine ganz gewöhnliche Hexe?

1 Zit. n. Dirk Uwe Hansen (Hrsg.), *Anthologia Graeca*, Bd. 3: Bücher 9 und 10, Stuttgart: Anton Hiersemann 2016, S. 123.

2 *Chronique de Jean, évêque de Nikiou*, hrsg. und übers. v. H. Zotenberg, Paris: Impr. Nationale 1883, Bd. 24, S. 464 (Übersetzung Elsbeth Ranke).

3 Ebd., S. 466 (Übersetzung Elsbeth Ranke).

4 Sokrates Scholastikos, *Historia ecclesiastica*, 7, 15 (Übersetzung Heinz-Günther Nesselrath, mit freundlicher Genehmigung).

5 Archetypisches Beispiel dafür ist der Investiturstreit.

6 Übrigens wurde Katharina 1969 aus dem katholischen Heiligenkalender gestrichen (2002 dann von Papst Johannes Paul II. wieder eingefügt), weil die Kirche selbst einräumte, dass ihre Existenz wohl auf eine Legende zurückging.

7 Vgl. Gustave Bardy, »Catherine d'Alexandrie«, in: *Dictionnaire d'histoire et de géographie ecclésiastiques*, Bd. 11, Paris 1949, S. 1504.

8 Voltaire, »Wichtige Untersuchungen von Mylord Bolingbroke oder das Grabmal des Fanatismus«, in: ders., *Kritische und satirische Schriften*, übers. v. Karl August Horst, Joachim Timm, Liselotte Ronte, München: Winkler 1970, S. 257–370, hier S. 359.

9 Vgl. Edward Gibbon, *Geschichte des Verfalls und Untergangs des Römischen Reichs*, übers. v. Friedrich A. W. Wenck, Karl Gottfried Schreiter, Leipzig: Weygand 1805.

10 Vgl. etwa Leconte de Lisle, »Hypatie«, in: ders., *Œuvres. Poèmes antiques*, Paris: Alphonse Lemerre 1886, S. 65–68.

11 Dora Russell, *Hypatia or Woman and Knowledge*, London: Kegan Paul Trench Trubner and Co. 1925, Vorwort (Übersetzung Elsbeth Ranke).

12 Synésios de Cyrène, *Correspondance. Lettres I–CLVI*, übers. v. Denis Roques, Paris: Les Belles Lettres 2000.

13 Vgl. Jacques Sesiano (Hrsg.), *Books IV to VII of Diophantus' Arithmetica*, New York u. a.: Springer 1982, S. 71–72.

14 Das gibt auch die Suda so an, vgl. Mary Ellen Waithe, »Hypatia of Alexandria«, in: dies. (Hrsg.), *A History of Women Philosophers*, Bd. 1, Dordrecht u. a.: Martinus Nijhoff Publishers 1987, S. 180.

15 Vgl. ebd., S. 186.

16 Vgl. ebd., S. 191–192.

17 Vgl. Georg Luck, »Palladas: Christian or Pagan?«, in: *Harvard Studies in Classical Philology*, Bd. 63, 1958, S. 463.

18 Louis Moland (Hrsg.), *Œuvres complètes de Voltaire*, Bd. 19: *Dictionnaire philosophique*, Paris: Garnier 1878, S. 393 (Übersetzung Elsbeth Ranke).

7 Die Erde ist platt wie eine Orange

1 Washington Irving, *Die Geschichte des Lebens und der Reisen Christoph's Columbus*, 3 Bde., Frankfurt: Johann David Sauerländer 1828, Bd. 1, S. 120.

2 Vgl. Jeffrey Burton Russell, *Inventing the Flat Earth. Columbus and Modern Historians*, New York u. a.: Praeger 1991, S. 8–9.

3 Man denke etwa an die französische Ministerin Marlène Schiappa, die im Januar 2019 im Radiosender RMC erklärte: »Ich erinnere daran, dass Galilei ganz allein der Mehrheit trotzte mit seiner Behauptung, dass die Erde eine Kugel ist und sich dreht. Die Mehrheit dachte, sie sei eine Scheibe und bewege sich nicht«, zit. n. Violaine Giacomotto-Charra, »Einführung«, in: Sylvie Nony, *La Terre plate. Généalogie d'une idée fausse*, Paris: Les Belles Lettres 2021 (Übersetzung Elsbeth Ranke).

4 Serge Galam, »Pas de certitude scientifique sur le climat«, in: *Le Monde*, 6. Februar 2007 (Übersetzung Elsbeth Ranke).

5 Pseudo-Plutarch, *Physikalische Lehrsätze der Philosophen (De placitis philosophorum)*, 3, 10.

6 Vgl. Diogenes Laertius, *Lebensbeschreibungen der Philosophen (De clarorum philosophorum vitis)*, 9, 21.

7 Aristoteles, »Über den Himmel« 2, 14, 297b, in: ders., *Werke in deutscher Übersetzung*, Bd. 12,3 (s. Kap. 5, Anm. 5), S. 114–115.

8 Ebd.

9 Der Name Aristarchos wurde aus der letzten Version des Vorworts gestrichen, obwohl er der Astronom ist, der geometrisch nachwies, dass der Heliozentrismus mehr Erklärungsmacht besitzt als der Geozentrismus. Zum möglichen, aber diskutablen Einfluss des Aristarchos auf Kopernikus vgl. Nicolas Copernic, *De revolutionibus orbium coelestium*, Paris: Les Belles Lettres 2015, Bd. 2, S. 475 und Bd. 3, S. 596–597.

10 Manuskript BNF Fr. 574, f. 41r linke Sp. Eine Transkription bietet O. H. Prior (Hrsg.), *L'Image du monde de maître Gossouin*, Paris: Librairie Payot & Cie 1913, S. 93 (Übersetzung Elsbeth Ranke).

11 Manuskript BNF Fr. 574, f. 42r linke Sp.

12 Jean de Mandeville, *Mandeville's Travels*, übers. v. Malcolm Letts, London: Hakluyt Society 1953, Bd. 1, S. 129. Zit. in Lesley B. Cormack, »That Medieval Christians Taught That the Earth Was Flat«, in: Ronald L. Numbers (Hrsg.), *Galileo Goes to Jail and Other Myths about Science and Religion*, Cambridge: Harvard University Press 2010, S. 32.

13 Geoffrey Chaucer, »The Franklin's Tale«, in: F. N. Robinson (Hrsg.), *The Works of Geoffrey Chaucer*, Boston: Mifflin 1961, S. 140. Zit. in ebd.

14 Eine vollständigere Liste und die Werkangaben gibt Lesley B. Cormack, ebd., S. 31.

15 Lactantius, *Divinae Institutiones*, 3, 24, in: Eberhard Heck / Antonie Wlosok (Hrsg.), *Lactantius Divinarum institutionum libri septem*, Berlin / New York: Walter de Gruyter 2007, S. 289–291.

16 Nicolaus Copernicus, *Das neue Weltbild. Drei Texte.* Lateinisch-deutsch, übers. v. Hans-Günter Zekl, Hamburg: Meiner 2006, S. 77.

17 Voltaire, »Ciel matériel«, in: Louis Moland (Hrsg.), *Œuvres complètes de Voltaire*, Bd. 18: *Dictionnaire philosophique*, Paris: Garnier 1878, S. 185–186 (Übersetzung Elsbeth Ranke). Beim zweiten Absatz handelt es sich um eine von Voltaire angefügte Fußnote.

18 John William Draper, *History of the Conflict Between Religion and Science*, Cambridge: Cambridge University Press 2009, S. 157–159 (Übersetzung Elsbeth Ranke).

8 Gebrauchsanweisung für einen Tiefbegabten

1 Rede vom 28. Oktober 1930 im Hotel Savoy in London bei einem Galadinner in Anwesenheit von Albert Einstein. Transkription: George Bernard Shaw / Fred D. Crawford, »Toast to Albert Einstein«, in: Shaw, Bd. 15, 1995, S. 233–234 (Übersetzung Elsbeth Ranke).

2 In Anspielung auf Robert Musils Buchtitel.

3 Eine hervorragende Synthese gibt Marlin Thomas, »Albert Einstein and LD: An Evaluation of the Evidence«, in: *Journal of Learning Disabilities*, 2000, S. 149–158.

4 Albert Einstein, in einem Brief von 1954, zit. n. Banesh Hoffmann / Helen Dukas, *Einstein, Schöpfer und Rebell*, übers. v. Jeannette Zehnder, Frankfurt am Main: Fischer 1979, S. 22.

5 Ähnlich bei Philipp Frank, *Einstein. Sein Leben und seine Zeit*, Wiesbaden: Vierweg & Teubner 1979 (1949), S. 20.

6 Roman Jakobson, »Einstein et la science du langage«, in: *Le Débat*, Nr. 20, Bd. 3, 1982, S. 131–142.

7 E. G. Straus, Vortrag an der Yeshiva University, 18. September 1979, zit. n. Abraham Pais, *»Raffiniert ist der Herrgott …« Albert Einstein, eine wissenschaftliche Biographie*, übers. v. Roman U. Saxl, Heidelberg/Berlin: Spektrum, Akad. Verlag 2000, S. 35.

8 Maja Winteler-Einstein, »Beitrag für sein Lebensbild«, in: John Stachel / Robert Schulmann (Hrsg.), *The Collected Papers of Albert Einstein*, Bd. 1, Princeton University Press 1987, S. lvi–lvii.

9 Vgl. Abraham Pais, *»Raffiniert ist der Herrgott …«*, (s. Anm. 7), S. 36.

10 Vgl. Brigitte Vuille / Marc Sieber, »Qui sont les enfants à haut potentiel intellectuel (HPI)?«, in: *La Revue suisse de pédagogie spécialisée*, Bd. 2, 2013, S. 50.

11 Dasselbe gilt für Einsteins angenommene Legasthenie, die offenbar genauso übertrieben ist, vgl. Marlin Thomas, »Albert Einstein and LD: An Evaluation of the Evidence«, (s. Anm. 3), S. 153.

12 Vgl. insbesondere Peter A. Bucky, *The Private Albert Einstein*, Kansas City: Andrews and McMeal 1992, S. 25–26.

13 Maja Winteler-Einstein, »Beitrag für sein Lebensbild«, (s. Anm. 8), S. lviii–lix.

14 Philipp Frank, *Einstein*, (s. Anm. 5), S. 11.

15 The Collected Papers of Albert Einstein, Bd. 1, (s. Anm. 8), S. 3.

16 Marlin Thomas, »Albert Einstein and LD: An Evaluation of the Evidence«, (s. Anm. 3), S. 154.

17 Allen Esterson / David C. Cassidy / Ruth Lewin Sime, *Einstein's Wife. The Real Story of Mileva Einstein-Maric*, Cambridge: MIT Press 2020, S. 164–165, S. 125.

18 Jean-Marc Ginoux, *Pour en finir avec le mythe d'Albert Einstein*, Paris: Hermann 2019, S. 10.

19 *The New York Times*, 19. April 1955, teilweise zit. n. ebd., S. 19 (Übersetzung Elsbeth Ranke).

20 *Time*, 1. Juli 1946 (Übersetzung Elsbeth Ranke).

21 Ein Faksimile des Briefs ist einsehbar unter https://www.atomicarchive.com/resources/documents/beginnings/einstein.html (Zugriff: Februar 2025); zit. n. Albert Einstein, *Über den Frieden: Weltordnung oder Weltuntergang?*, hrsg. v. Otto Nathan und Heinz Norden, Neu Isenburg: Melzer 2004, S. 309–310.

22 *The New York Times*, 28. Dezember 1934.

23 Eine aktuelle und ausführliche Untersuchung dazu liefert Jean-Marc Ginoux, *Pour en finir avec le mythe d'Albert Einstein*, (s. Anm. 18), S. 23–60.

24 Vgl. Abraham Pais, *»Raffiniert ist der Herrgott …«*, (s. Anm. 7), S. 132–133. Die deutsche Übersetzung erschien erst 1914 unter dem Titel *Wissenschaft und Methode*, übers. v. Ferdinand und Ludwig Lindemann, Leipzig: Teubner 1914.

25 Originaltitel: Desanka Trbuhović-Gjurić, *U senci Alberta Ajnštajna*, deutsche Übersetzung: Desanka Trbuhović-Gjurić, *Im Schatten Albert Einsteins*, Bern/Stuttgart: Haupt 1983.

26 Abram Joffe, »Памяти Альберта Ейнштона« [Im Gedenken an Albert Einstein], in: *Успехи физических наук* [Fortschritte in den Naturwissenschaften], Bd. 57, Nr. 2, 1955, S. 188–192. Englische Übersetzung in John Stachel (Hrsg.), *Einstein's Miraculous Year: Five Papers That Changed the Face of Physics*, Princeton University Press 1998, S. xv–lxxii (Übersetzung Elsbeth Ranke).

27 Es gab nämlich keinen Grund, weshalb er (oder Röntgen) sie hätte sehen sollen; vgl. Allen Esterson / David C. Cassidy / Ruth Lewin Sime, *Einstein's Wife*, (s. Anm. 17), S. 164–165; hätte er solche für die Wissenschaftsgeschichte so bedeutende Manuskripte zu sehen bekommen, hätte er das deutlich gesagt.

28 Vgl. Allen Esterson / David C. Cassidy / Ruth Lewin Sime, *Einstein's Wife*, (s. Anm. 17), S. 31–33.

29 Maurice Solovine schreibt zu den Treffen der Akademie Olympia: »Nach seiner Einstellung heiratete er Mileva Marić, eine junge Serbin, die er am Polytechnikum kennengelernt hatte, wo sie studierte. An unseren Treffen änderte das nichts. Mileva, die intelligent und zurückhaltend war, hörte uns aufmerksam zu, meldete sich in unseren Gesprächen aber nie zu Wort.« Zit. n. Albert Einstein, LETTRES À MAURICE SOLOVINE, Gauthier-Villars 1956, S. XII (Übersetzung Elsbeth Ranke).

30 Vgl. Allen Esterson / David C. Cassidy / Ruth Lewin Sime, *Einstein's Wife*, (s. Anm. 17), S. 84–88.

31 Vgl. »Women academics seem to be submitting fewer papers during coronavirus, ›Never seen anything like it‹, says one editor«, in: *The Lily*, 24. April 2020.

32 Vgl. Margaux Collet / Alice Gayraud, »L'impact du Covid-19 sur l'emploi des femmes«, in: *Rapport de la Fondation des femmes*, März 2021.

33 Albert Einstein, »Wie ich die Welt sehe« (um 1930), in: ders., *Mein Weltbild*, hrsg. v. Gerd Seelig, München: Europa Verlage 2021.

34 Albert Einstein / Sigmund Freud, *Warum Krieg? Ein Briefwechsel*, Zürich: Diogenes 2010, S. 18–19.

35 Bertrand Russell, »Do Governments Desire War?« [24. August 1932], in: ders., *Mortals and Others*, Routledge 2009, S. 114 (Übersetzung Elsbeth Ranke).

9 Somewhere, over the rainbow ...

1 Mark Twain, *Bummel durch Europa*, übers. v. Maria Brock, München: Anaconda 2009, S. 362.

2 Iamblichos von Chalkis, »Das Leben des Pythagoras«, 115–117, in: Michael von Albrecht u. a. (Hrsg.), *Jamblich: Pythagoras. Legende – Lehre – Lebensgestaltung*, Darmstadt: WBG 2002, S. 109–111.

3 Ebd., S. 111.

4 In Wirklichkeit ist die zwölfte Quinte dabei leicht vermindert; diese Schwäche der pythagoreischen Stimmung korrigierte die wohltemperierte Stimmung, vgl. Antoine Houlou-Garcia, »La gamme pythagori-

cienne«, in: *Bibliothèque Tangente*, 76: *Itération et récurrence*, 2021, S. 116–121.

5 Vgl. Christiaan Huygens, *Œuvres complètes, Société hollandaise des sciences*, Den Haag: Nijhoff 1937, Bd. 19, S. 362–363. Genauere Informationen zum Thema gibt François Baskevitch, *Les Représentations de la propagation du son d'Aristote à l'Encyclopédie*, Dissertation: Université de Nantes 2008.

6 Brief von Newton an Oldenburg vom 6. Februar 1671/2, in: H. W. Turnbull (Hrsg.), *The Correspondence of Isaac Newton*, Bd. 1, Cambridge University Press 1959, S. 98, Kursivierung im Original (Übersetzung Elsbeth Ranke).

7 Isaac Newton, »Second Paper on Color and Light, Read at the Royal Society in 1675/6«, in: I. Bernard Cohen (Hrsg.), *Isaac Newton Papers and Letters on Natural Philosophy*, Cambridge: Harvard University Press 1978, S. 192 (Übersetzung Elsbeth Ranke).

8 Vgl. Michel Blay, »Vorwort«, in: ders. (Hrsg.), *Isaac Newton: Optique*, Paris: Dunod 2015.

9 Vgl. dazu Olivier Darrigol, »The Analogy between Light and Sound in the History of Optics from Ancient Greeks to Isaac Newton«, in: *Centaurus*, Bd. 52, 2010, Teil I, S. 117–155; Teil II, S. 206–257.

10 Isaac Newton, *Optik*, übers. v. William Abendroth, Leipzig: Engelmann 1898, 2. Buch, Vierter Theil, 5. Beobachtung, S. 71–72.

11 Zu finden etwa im Buch Genesis (9,13–14) als Zeichen für den Bund zwischen Gott und den Menschen, aber auch bei Hesekiel (1,28) und in der Apokalypse (4,2–3).

12 Vgl. Bernard Maitte, »Les couleurs en physique au 18e siècle. Débats autour du renversement de leur statut par Newton«, in: *Dix-Huitième Siècle*, Bd. 51, Nr. 1, 2019, S. 100–103.

13 Isaac Newton, *Optik*, (s. Anm. 10), S. 140.

14 Aristoteles, »Meteorologie«, 3, 2, 372a, in: ders., *Werke in deutscher Übersetzung*, Bd. 12,1: *Meteorologie*, übers. v. Hans Strohm, Berlin: Akademie Verlag, 3. Auflage 1984, S. 77.

15 Cod. theol. gr. 31, fol. 3r., Österreichische Nationalbibliothek, Wien.

16 J. Ph. Wolfers (Hrsg.), *Sir Isaac Newton's Mathematische Principien der Naturlehre*, Berlin 1872, S. 511.

17 Aristoteles, »Metaphysik«, 14, 1093a, in: Friedrich Bassenge (Hrsg.), *Aristoteles Metaphysik*, Berlin/Boston: De Gruyter 1990, S. 371.

18 Plutarch, »De facie in orbe lunae«, 923a, in: ders., *Das Mondgesicht*, übers. v. Herwig Görgemanns, Zürich: Artemis 1968, S. 22.

19 Für genauere Ausführungen dazu vgl. Bernard Maitte, *Histoire de l'arc-en-ciel*, Paris: Seuil 2005.

20 Vgl. etwa Izz al-Dīn al-Zanjānī, *Balance de l'équation dans la science d'algèbre et al-muqābala*, übers. und hrsg. v. Eleonora Sammarchi, Paris: Classiques Garnier 2022.

10 Unter der Sonne Griechenlands

1 Ernest Renan, *Jugenderinnerungen*, übers. v. Hannah Szass, Frankfurt am Main: Frankfurter Verlags-Anstalt 1925, S. 84–85.

2 Herodot, *Historien. Deutsche Gesamtausgabe*, hrsg. und übers. von Heinz-Günther Nesselrath, Stuttgart: Kröner, 5. Auflage 2017, S. 37–38.

3 Eine Liste der Autoren, die die Episode zitieren, gibt Lénis Blanche, »L'Eclipse de Thalès et ses problèmes«, in: *Revue philosophique de la France et de l'étranger*, Bd. 158, 1968, S. 154–155.

4 Thomas-Henri Martin, »Sur quelques prédictions d'éclipses mentionnées par des auteurs anciens«, in: *Revue Archéologique*, Bd. 9, 1864, S. 170–199.

5 Otto Neugebauer, *The Exact Sciences in Antiquity*, Kopenhagen: E. Munksgaard 1951.

6 Vgl. John M. Steele, »Eclipse prediction in Mesopotamia«, in: *Archive for History of Exact Sciences*, Bd. 54, Nr. 5, 2000, S. 421–454.

7 Zu diesem Begriff vgl. Otto Neugebauer, *The Exact Sciences in Antiquity*, Providence: Brown University Press, 2. Auflage 1957, S. 141–143.

8 Aristoteles, »Über den Himmel«, 2, 12, 292a, in: ders., *Werke in deutscher Übersetzung*, Bd. 12,3 (s. Kap. 5, Anm. 5), S. 71.

9 Herodot, *Historien*, (s. Anm. 2), S. 165–166 (Historien, 2, 109).

10 Darauf verweist zum Beispiel Proklos in seinem *Kommentar zum ersten Buch von Euklids »Elementen«*.

11 Porphyrios aus Tyros, »Lebensbeschreibung des Pythagoras«, 6, in: ders., *Bewusste Lebensführung aus Sicht eines Neuplatonikers und Pythagoreers*, übers. v. Günter Zekl, Würzburg: Königshausen & Neumann 2020, S. 206.

12 Vgl. D.R. Dicks, »Thales«, in: *The Classical Quarterly*, Bd. 9, Nr. 2, 1959, S. 294–309.

13 Herodot: Historien, 1, 170.

14 Aristoteles: Politik, 1, 11, 1259a, in: ders.: Werke in deutscher Übersetzung, Bd. 9,1: Politik, übers. v. Eckart Schütrumpf, Berlin: Akademie Verlag, 1991, S. 29.

15 Herodot, *Historien*, (s. Anm. 2), 1, 75.

16 Plinius der Ältere, *Naturgeschichte*, 36, 82.

17 Plutarch, *Gastmahl der Sieben Weisen*, 2.

18 Proklos, *Kommentar zum ersten Buch von Euklids »Elementen«*, 157.

19 Diogenes Laertius, *Leben und Lehren berühmter Philosophen*, 1, 24.

20 Vgl. Alain Herreman, »Aux sources du théorème de Thalès«, in: *Irem de Rennes*, 2017; Antoine Houlou-Garcia, »Pourquoi beaucoup de théorèmes ne portent pas le nom de leur auteur?«, in: *La Recherche*, Nr. 576, Januar 2024.

21 Vgl. Daniel F. Mansfield / N. J. Wildberger, »Plimpton 322 is Babylonian Exact Sexagesimal Trigonometry«, in: *Historia Mathematica*, Bd. 44, 2017, S. 395–419.

22 Vgl. Antoine Houlou-Garcia, »Le théorème de Pythagore … avant Pythagore!«, in: *Tangente*, Nr. 212, 2023, S. 22–24.

23 Helmuth Gericke, *Mathematik in Antike, Orient und Abendland*, Berlin: Springer 1984, S. 67–68.

24 Natürlich ist das eine anachronistische Bezeichnung, aber etwas Ähnliches scheint sich in dieser Zeit tatsächlich herauszubilden, und zwar sowohl bei den Griechen als auch bei den von den Griechen beherrschten Völkern. Corinne Bonnet beschreibt etwa einen phönizischen »Nationalismus« als Reaktion auf den hellenistischen, siehe Corinne Bonnet, »Entre global et local: l'empire d'Alexandre et ses dynamiques ›religieuses‹ en Phénicie«, in: *Diogène*, Bd. 256, Nr. 4, 2016, S. 23.

25 Isokrates, *Panegyrikos*, 47–48.

26 Ebd., 51.

27 Ebd., 50.

28 Ernest Renan, *Jugenderinnerungen*, (s. Anm. 1), S. 85.

29 Ebd., S. 84.

30 Henri Poincaré, *Wissenschaft und Methode*, Berlin/Leipzig: Teubner 1914, S. 14.

31 Vgl. Philippe Jockey, *Blanchiment de l'art grec. Histoire d'un rêve occidental*, Paris: Belin 2013.

32 Vgl. Anne Vuillemard-Jenn, »Le mythe du blanc manteau d'églises de Raoul Glaber. Étude de la polychromie des cathédrales à travers les sources médiévales«, in: *Art sacré*, Bd. 26, 2008, S. 131–139.

33 Vgl. Antoine Houlou-Garcia, *Il était une fois le zéro*, Paris: Alisio 2023, S. 155–166.

34 Aristoteles, »Metaphysik«, 1, 982b, in: Horst Seidl (Hrsg.), *Aristoteles' Metaphysik*, übers. v. Hermann Bonitz, Hamburg: Meiner, 3. Auflage 1989, Bd. 1,1, S. 13.

35 Vitruv, »De architectura«, 6, 1, in: ders., *Zehn Bücher über Architektur. Lateinisch und deutsch*, übers. v. Curt Fensterbusch, Darmstadt: WBG, 7. Auflage 2013, S. 257.

11 Noch dreimal auf Holz geklopft

1 Walter Scott, *Der letzte Minstrel. Ein Gedicht in Sechs Gesängen*, übers. v. Adam Storck, Bremen: Johann Georg Heyse 1820, S. 57.

2 Vgl. Antoine Houlou-Garcia, *Il était une fois le zéro*, (s. Kap. 10, Anm. 33).

3 Vgl. Thierry Maugenest / Antoine Houlou-Garcia, *21 énigmes pour comprendre (enfin!) les maths*, Paris: Albin Michel 2022, S. 176–178.

4 Werner Heisenberg, *Der Teil und das Ganze. Gespräche im Umkreis der Atomphysik*, München: Piper 1973, S. 112–113.

5 Samuel A. Goudsmit, »Bias«, in: *Physical Review Letters*, Bd. 25, Nr. 7, 1970, S. 419–420, besonders S. 420, Anm. 2.

6 Zum Beispiel schreibt André Comte-Sponville im Artikel »Superstition« (Aberglaube) im *Dictionnaire philosophique*, PUF, 2021: »Mehrere Autoren schildern die Anekdote als authentische Begebenheit, und das ist auch keineswegs ausgeschlossen.« (Übersetzung Elsbeth Ranke); siehe auch Gian Francesco Giudice, *L'Odyssée du Zeptoespace*, Lausanne: EPFL Press 2013, S. 25.

7 Vgl. Olivier Darrigol u. a. (Hrsg.), *Niels Bohr, 1913–2013. Poincaré Seminar*, Cham: Birkauser 2016, S. 95.

8 Bonifaty Mikhailovich Kedrov, »On the Question of the Psychology of Scientific Creativity«, in: *Soviet Review*, Bd. 8, Nr. 2, 1967, S. 38, engli-

sche Übersetzung des ursprünglich auf Russisch verfassten Artikels (Übersetzung Elsbeth Ranke).

9 Vgl. Balazs Hargittai / Istvan Hargittai, »Year of the Periodic Table. Mendeleev and the Others«, in: *Structural Chemistry*, Bd. 30, 2019, S. 1–7.

10 Vgl. George W. Baylor, »What Do We Really Know about Mendeleev's Dream of the Periodic Table? A Note on Dreams of Scientific Problem Solving«, in: *Dreaming*, Bd. 11, Nr. 2, 2001, S. 89–92.

11 Nikola Tesla, *Die Autobiografie des Nikola Tesla*, übers. v. Harald Schulz, Leipzig: Miniaturbuchverlag 2019, S. 222–230.

12 Vgl. René Taton, »Madame du Châtelet, traductrice de Newton«, in: *Études d'histoire des sciences*, Turnhout: Brepols 2000, S. 207–208.

13 Vgl. ebd., S. 211.

14 Vgl. Irène Passeron, »Muse ou élève? Sur les lettres de Clairaut à Mme du Châtelet«, in: *Cirey dans la vie intellectuelle. La réception de Newton en France*, Oxford: Voltaire Foundation 2001, S. 196.

15 Johann Jakob Brucker, *Pinacotheca Scriptorum Nostra Aetate Literis Illustrium*, Decas 4, Augsburg: Johann Jakob Haid 1745, Blatt n–r; siehe Mireille Touzery, »Émilie du Châtelet. Un passeur scientifique au XVIIIe siècle. D'Euclide à Leibniz«, in: *La Revue pour l'histoire du CNRS*, Nr. 21, 2008.

16 Bernard Joly, »Les théories du feu de Voltaire et Mme du Chatelet«, in: *Cirey dans la vie intellectuelle*, (s. Anm. 14), S. 212.

17 Brief an Maupertuis, zit. n. ebd., S. 230 (Übersetzung Elsbeth Ranke).

18 *Observations sur les écrits modernes*, Bd. 18, 1739, Brief 266, S. 256, zit. n. ebd., S. 236 (Übersetzung Elsbeth Ranke).

19 Joseph Schumpeter, *Kapitalismus, Sozialismus und Demokratie*, übers. v. Susanne Preiswerk, Stuttgart: utb, 9. Auflage 2018, S. 205.

20 Desfontaines, Brief 263, zit. n. Bernard Joly, »Les théories du feu de Voltaire et Mme du Chatelet«, in: *Cirey dans la vie intellectuelle*, (s. Anm. 14), S. 236 (Übersetzung Elsbeth Ranke).

21 Émilie du Châtelet, *Institutions de physique*, Paris: Prault fils 1740, S. 74, im Kapitel IV »Des Hipotheses« [sic], § 53 (Übersetzung Elsbeth Ranke).

22 »Hypothèse«, in *Encyclopédie, ou Dictionnaire raisonné des sciences, des arts et des métiers*, Bd. 8, 1766, S. 417. Siehe dazu Andrea Reichenberger, *Émilie du Châtelets Institutions physiques. Über die Rolle von*

Prinzipien und Hypothesen in der Physik, Berlin: Springer 2016, besonders S. 95.

23 Zu diesem Thema siehe insbesondere die Veröffentlichungen von Laurence Moulinier, *Le Manuscrit perdu à Strasbourg. Enquête sur l'œuvre scientifique de Hildegarde*, Paris: Editions de la Sorbonne 1995; »Hildegarde de Bingen, les plantes médicinales et le jugement de la postérité. Pour une mise en perspective«, in: *Scientiarum Historia*, 20, 1994, S. 61–75; »Un lexique ›trilingue‹ du XIIIe siècle, la ›Lingua ignota‹ de Hildegarde de Bingen«, in: *Actes du Colloque international organisé par l'Ecole pratique des hautes études-IVe section et l'Institut supérieur de philosophie de l'Université catholique de Louvain*, Paris 1997, Tournhout: Brepols 2001, S. 89–111.

24 Vgl. Keiko Kawashima, *Émilie du Châtelet et Marie-Anne Lavoisier. Science et genre au XVIIIe siècle*, Paris: Honoré Champion 2013; Annette Lykknes / Donald Opitz / Brigitte van Tiggelen (Hrsg.), *For Better or for Worse? Collaborative couples in the sciences*, Basel: Springer 2012.

25 Émilie du Châtelet, *Rede vom Glück*, übers. v. Iris Roebling, Berlin: Friedenauer Presse 1999, S. 37–38.

Schlussbemerkung

1 Bertrand Russell, *Proposed Roads to Freedom*, New York: Holt 1919, S. 147 (Übersetzung Elsbeth Ranke).

2 Vgl. Antoine Houlou-Garcia, *La Politique. Manuel à l'usage des citoyens qui n'y comprennent plus rien*, Paris: Albin Michel 2022, S. 98–107.

3 Mark Twain, *Autobiography of Mark Twain*, hrsg. v. Benjamin Griffin, Harriet Elinor Smith, Bd. 2, Berkley u. a.: University of California Press 2013, S. 302 (Übersetzung Elsbeth Ranke).

Register